新农村电工技能实训

主　编　韩雪涛
副主编　韩广兴　吴　瑛

U0386247

金盾出版社

内 容 提 要

全书根据国家职业资格的要求以及农村电工实际工作的知识技能需求,将农村电工必须掌握的知识技能划分为8个模块进行介绍,具体内容包括农村电工安全常识与触电急救、农村供配电系统的结构特点、农村电工的工具仪表使用技能、农村输配电线路规划与架设技能、农村家庭供配电系统的安装技能、农村排灌设备的安装技能、农村广播电视与网络通信系统的安装技能、农机设备的检修技能。

本书可作为农村电工的岗位培训教材和职业资格考核认证的培训教材,适合于从事各种电气设备安装和维修的技术人员阅读,特别适合于农村电工阅读。

图书在版编目(CIP)数据

新农村电工技能实训/韩雪涛主编 . —北京:金盾出版社,2015.10
ISBN 978-7-5186-0379-4

Ⅰ.①新… Ⅱ.①韩… Ⅲ.①农村—电工技术—技术培训—教材 Ⅳ.①TM

中国版本图书馆 CIP 数据核字(2015)第 149155 号

金盾出版社出版、总发行
北京太平路 5 号(地铁万寿路站往南)
邮政编码:100036 电话:68214039 83219215
传真:68276683 网址:www.jdcbs.cn
封面印刷:北京盛世双龙印刷有限公司
正文印刷:北京盛世双龙印刷有限公司
装订:北京盛世双龙印刷有限公司
各地新华书店经销
开本:787×1092 1/16 印张:16.625 字数:401 千字
2015 年 10 月第 1 版第 1 次印刷
印数:1~4 000 册 定价:53.00 元

前　　言

随着我国工农业生产的飞速发展,各种电气设备也随之大量增加,特别是对于我国广大农村地区,电气化水平不断提升,农村的生产生活正逐步向电气化、自动化的方向转变。这些变化使得农村对供电、配电、用电的需求不断增长,农村电工的从业人员也越来越多。为确保设备以及人身的安全,国家对电工从业人员有着非常严格的要求,只有取得电工从业资格证书后方可持证上岗。

针对农村现状,从电力的供应传输到生产生活的应用,电工不仅要具备过硬的理论知识,而且还要遵守科学的操作规范,掌握专业的操作技能。为满足农村电工岗位培训的社会需求,本书将农村电工需要掌握的知识技能进行了细致的归纳和整理。本书从农村供配电系统的结构入手,分别从农村电工的操作安全,工具的使用方法,农村输配电线路及各种生产生活设备的安装、检修等方面所应掌握的知识和技能进行系统介绍。

本书采用模块化教学与图解演示相结合的方法,以典型农村用电环境为背景,将农村电工应该掌握的知识和技能分成不同的模块,每个模块都运用实际的案例进行教学演示,在表现形式上尽可能用生动形象的图像、图形代替枯燥、冗长的文字描述,尽可能通过"图解"的形式将所要表达的知识和技能"展现"出来,让读者能够轻松地阅读,力求在很短时间内了解并掌握农村电工的操作技能,达到从业的要求。考虑到农村电工作业的特殊性和危险性,本书还针对农村电工的安全操作规范以及触电后的应急处理措施等内容进行了详细地介绍,并运用实际案例进行操作演示。确保农村电工从业人员建立安全意识,掌握出现突发情况时的应急处理措施。

"农村电工"是国家职业资格的考核认证项目,其中电子电气方面的安装、维修技术也属于数码维修工程师专业技术资格认证的范畴,从事农村电工的技术人员也应参加国家职业资格认证或数码维修工程师专业技术资格考核认证,获得国家统一的技术资格证书。本书可作为技能培训教材。

本书由韩雪涛、韩广兴、吴瑛等编著,其他参编人员有张丽梅、郭海滨、马楠、宋永欣、宋明芳、梁明、张雯乐、张鸿玉、王新霞、韩雪冬、吴玮、吴惠英、高瑞征等。

为了更好地满足读者的要求,达到最佳的学习效果,本书得到了数码维修工程师鉴定指导中心的大力支持。除可获得免费的专业技术咨询外,每本书都附赠价值50元的学习卡。读者可凭借此卡登录数码维修工程师官方网站(www.chinadse.org)获得超值技术服务。网站提供有最新的行业信息,大量的视频教学资源,图纸手册等学习资料以及技术论坛。用户凭借学习卡可随时了解最新的电子电气领域的业界动态,实现远程在线视频学习,下载需要的图纸、技术手册等学习资料。此外,读者还可通过网站的技术交流平台进行技术的交流咨询。

由于电子电气技术的发展迅速,产品更新换代速度很快,为方便师生学习,还另外制作有VCD系列教学光盘,有需要的读者可通过以下方式与我们联系。

读者在学习或职业资格认证考核方面有什么问题,也可直接与我们联系。

联系地址:天津市南开区榕苑路 4 号天发科技园 8 号楼 1 门 401

邮政编码:300384

联系电话:022-83718162/83715667

网址:http://www.chinadse.org

编　者

目　　录

第1章　农村电工安全常识与触电急救

1.1　农村电工安全常识

农村用电安全操作是农村电工必须具备的基础技能，了解电工在作业时必须要注意的各种事项，建立良好的用电安全意识对于电工而言尤为重要。它也是电工从业的首要条件之一。

1.1.1　农村电工安全操作常识

1. 农村电工作业前的防护措施

作业前的防护措施主要是对具体的作业环境所采取的防护设备和防护方法。

①操作人员的着装安全。作业前应详细检查所用工具是否安全可靠，并穿戴好必需的防护用品，如安全帽、绝缘手套、绝缘鞋、长袖衣服等，以确保人体和地面绝缘，如图1-1所示。严禁在衣着不整的情况下进行工作。对于更换灯泡或熔丝等细致工作，因不便佩戴绝缘手套而需徒手操作时，应先切断电源，并确保操作人员与地面绝缘（如穿着绝缘鞋、站立在干燥的木凳或木板上等）。

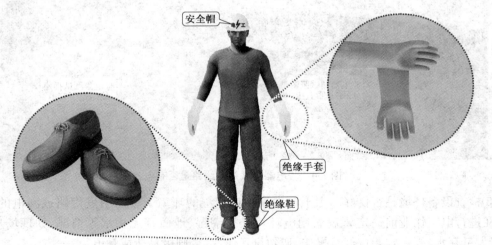

图1-1　操作人员的着装安全

②切断电源。电气线路在未经测电笔确定无电前，应一律视为"有电"，不可用手触摸。在进行设备检修前必须先切断电源，不要带电检修电气设备和电力线路。即使确认目前停电，也要将电源开关断开，以防止突然来电造成伤害。图1-2所示为切断电源示意图。

③检查用电线路连接是否良好。在进行电工作业前，一定要对电力线路的连接进行仔细

检查,如检查线路有无改动,有无明显破损、断裂的情况。

　　如发现电气设备或线路有裸露情况,应先对裸露部位缠绕绝缘带或装设罩盖。当发现按钮盒、闸刀开关罩盖、插头、插座及熔断器等有破损,使带电部分外露时,应及时更换,且不可继续使用。图 1-3 所示为插头电源线裸露示意图。

图 1-2　切断电源的示意图

图 1-3　插头电源线裸露

　　④用验电器测试用电线路是否有电。电工人员在检修操作前,用电线路在未经验电器测试无电之前,不可用手触摸,也不可绝对相信绝缘体,应将其视为有电操作。为了安全,在检修操作前要使用验电器测试用电线路是否有电,如图 1-4 所示。

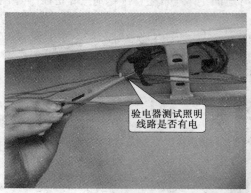

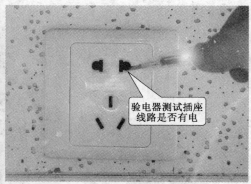

图 1-4　验电器测试用电线路是否有电

　　⑤检查设备环境是否良好。由于电力设备在潮湿的环境下极易引发短路或漏电的情况,因此在进行电工作业前一定要观察用电环境是否潮湿、地面有无积水等情况,如现场环境潮湿,有大量存水,则一定要按规范操作,切勿盲目作业,否则极易造成触电。

　　⑥一定要确保检测设备周围的环境干燥、整洁,如杂物太多,应及时搬除后方可检修操作,以避免火灾事故的发生。

2. 电工作业中的安全操作规范

　　作业中的安全操作主要是指电工各种操作的作业规范以及具体处理原则。

　　①在作业过程中,电工要使用专用的电工工具,因为这些专用电工工具均采用了防触电保

护的绝缘柄。不可以用湿手接触带电的灯座、开关、导线和其他带电体。

②在用电操作时,除了注意避免触电外,还应确保使用安全的插座,切忌超负荷用电。

③在合上或断开电源开关前先检查设备情况再进行操作。对于复杂的操作通常应由两人执行,其中一人负责操作,另一人作为监护,如发生突发情况以便及时处理。

④移动电器设备时,一定要先拉闸停电,后移动设备,绝不要带电移动。移动完毕,经检查无误,方可接通电源继续使用。

⑤在进行电器设备安装连接及检修恢复操作时,正确接零、接地非常重要。严禁采取用地线代替零线或将接地线与零线短路等方法。

例如,在进行家用电器设备连接时,将电器设备的零线和地线接在一起容易发生短路事故,且形成的回路会使家用电器的外壳带电,从而造成触电隐患。

⑥电话线与电源线布线应离开一定距离。

⑦在户外进行电工作业时,如发现有落地的电线,一定要采取良好的绝缘保护措施后(如穿着绝缘鞋)方可接近作业。

⑧在进行户外电力系统检修时,为确保安全要及时悬挂警示标志,并且对于临时连接的电力线路要采用架高连接的方法。

切断电源后,要在开关处悬挂"有人工作、禁止合闸"的警告牌,防止有人合闸,造成维修人员触电,如图1-5所示。

⑨在使用踏板前,电工应先检查有无裂纹、腐蚀,并须经过人体冲击试验后才能使用。人体冲击试验即将全身踏在踏板上猛蹬踏板,检验板和绳能否承受人的冲击力。使用踏板工作时还需注意绳扣的挂钩方法,保证电工的安全,如图1-6所示。

⑩在使用梯子作业时,梯子要有防滑措施,踏板应牢固无裂纹,梯子与地面之间的角度以75°为宜,没有勾搭的梯子在工作中要有人扶梯。使用人字梯时,拉绳必须牢固。

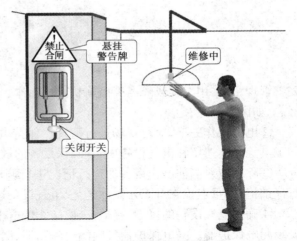

图 1-5 在开关处悬挂警告牌

⑪在使用喷灯时,油量不得超过容积的3/4,打气要适当,不得使用漏油、漏气的喷灯,不准在易燃物品附近点燃或使用喷灯。

⑫在安装或维修高压设备时(如变电站中的高压变压器以及电力变压器等),导线的连接、封端、绝缘恢复、线路布线以及架线等基本操作,都应严格遵守相关的规章制度。

3. 电工作业后的安全操作规范

作业后的安全操作主要是指电工作业完毕后所采取的常规保护方法。避免意外情况发生。

①电工操作完毕,要悬挂相应的警示牌以告知其他人员。对于重点和危险的场所区域应

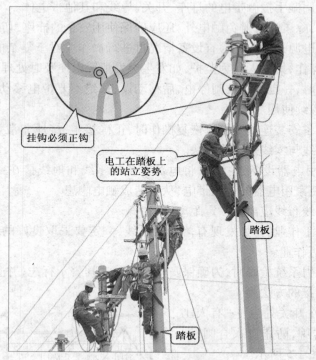

挂钩必须正钩

电工在踏板上
的站立姿势

踏板

踏板

图1-6　踏板的检查

妥善管理,并采用上锁或隔离等措施禁止非工作人员进入或接近,以免发生意外。常见的警示标志,如图1-7所示。

②电工操作完毕,应对现场进行清理。保持电气设备周围的环境干燥、清洁;禁止将材料和工具等导体遗留在电气设备中;并确保设备的散热通风良好。

③除了应对当前操作设备的运行情况进行调试外,同时还应对相关的电气设备和线路进行仔细检查,重点检查有无元器件老化、电气设备运转是否正常等。

④确保电气设备的接零、接地正确,防止触电事故的发生。同时,应设置漏电保护装置,即安装漏电保护器。漏电保护器又叫漏电断路器、漏电开关,它是一种能防止人身触电的保护装置。其工作原理是利用人在触电时产生的触电电流,使漏电保护器感应出信号,经过电子放大线路或开关电路推动脱扣机构,使电源开关断开,切断电源,从而保证人身安全。

⑤对防雷设施要仔细检查,这一点对于企业电工和农村电工来说十分重要。雷电对电气设备和建筑物有极大的破坏力,所以一定要对建筑物和相关电气设备的防雷装置进行检查,发现问题及时处理。

⑥检查电气设备周围的消防设施是否齐全,如发现问题,及时上报。

4. 农村电工操作的其他安全注意事项

(1)停电操作注意事项

在农村,停电的情况时常发生。引起停电的原因有多种,作为农村电工应严格遵守停电操作规定:停电后检修线路时,必须先拉下总开关,切断电源后才能进行操作;在电工操作时,严

止步 高压危险	当心触电	注意防火	注意安全
必须穿防护鞋	必须戴防护手套	必须戴安全帽	必须穿戴防护服
必须系安全带	必须戴耳罩	必须戴护目镜	禁止攀登 高压危险

图 1-7　常见的警示标志

禁任何形式的送电。

防止电路突然送电,应采取以下防护措施:

①操作前应穿上具有良好绝缘性能的胶鞋,或脚下垫上干燥的木凳、木桌等,且在操作中不要接触湿木、砖墙、水泥墙等物。

②在进行电路安装或检修之前,应断开电源总开关,并悬挂警告牌,避免他人在不知情的情况下合闸造成危险,如图 1-8 所示。

③当电源总开关断开后,仍需使用验电器对电源插座进行验电检查,以确保绝对安全。

(2)带电操作注意事项

在进行照明灯具线路的检测时,可不断开电源总开关,但检测过程一定应遵循单线操作的原则。

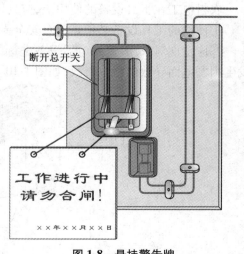

断开总开关

工作进行中
请勿合闸!

××年××月××日

图 1-8　悬挂警告牌

换句话说,在检测灯口时,应先断开拉线开关;在检测拉线开关前,应先将灯泡卸下,即确保检测过程中火线断开。具体检测操作如图 1-9 所示。

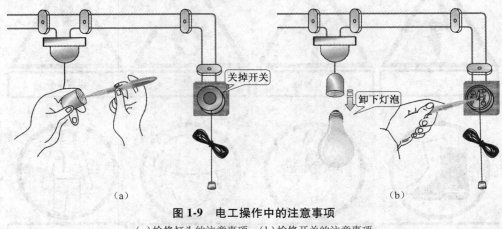

（a）   （b）

图 1-9　电工操作中的注意事项

（a）检修灯头的注意事项　（b）检修开关的注意事项

1.1.2　电气设备的安全防护常识

农村电工的电气设备安全主要包括工具设备和用电设备（如家用电器等）两个方面的安全。

1. 工具设备的安全使用

电工在作业过程中所使用的设备工具是电工人身安全最后一道屏障,如果设备出现问题,很容易造成人员的伤亡事故。因此对于作业用的检测设备、工具以及佩戴的绝缘物品,尤其是个人佩戴的绝缘物品(如绝缘手套、绝缘鞋等),除应定期检查、维护外,还应在实际使用中规范操作,确保工具设备的安全。

农村电工在工具设备的使用上,应具体注意以下几点:

①使用的工具设备必须是符合安全要求的合格产品。

②应定期对农用、家用电器设备进行维护和检修,确保其绝缘强度保持在合格状态,以免发生因漏电而导致的触电事故,如图 1-10 所示。

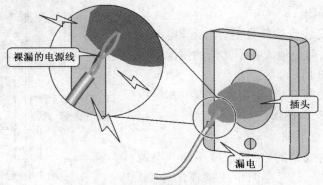

图 1-10　插座漏电示意图

③使用电动工具时,必须使用带有漏电保护器的供电线路。

④电线、熔断器、开关、插座、灯头和电动机等电气设备,在安装前必须经过严格检查,安装时必须由电工按照相关规定进行安装。

⑤在农村,每一个用户都必须配置合格的漏电保护器。

⑥开关、插座不仅应安装牢固,而且位置要适当。

2. 用电设备的安全

用电设备的安全是指电路中安装连接的电气设备的安全,如电冰箱、空调器、照明灯等。在进行线路检测和维修过程中,电工应先关掉用电设备开关,并切断电源,防止在操作过程中出现电流突然增大而烧坏用电设备,给用户造成不必要的损失。

1.2　触电急救

1.2.1　常见的触电伤害事故

农村电工在作业过程中,触电是最常见的一类事故。它主要是指人体接触或接近带电体时,电流对人体造成的伤害。

根据伤害程度的不同,触电的伤害主要表现为"电伤"和"电击"两大类。其中"电伤"主要是指电流通过人体某一部分或电弧效应而造成的人体表面伤害,主要表现烧伤或灼伤。"电击"则是指电流通过人体内部而造成内部器官的损伤。相比较来说,"电击"比"电伤"造成的危害更大。

根据专业机构的统计测算,通常情况下,当交流电流达到 1mA 或者直流电流达到 5mA 时,人体就可以感觉到,这个电流值被称为"感觉电流"。当人体触电时,能够自行摆脱的最大交流电流为 16mA(女子为 10mA 左右),最大直流电流为 50mA。这个电流值被称为"摆脱电流"。也就是说,如果所接触的交流电流不超过 16mA 或者直流电流不超过 50mA,则不会对人体造成伤害,个人自身即可摆脱。

一旦触电电流超过摆脱电流时,则会对人体造成不同程度的伤害,通过心脏、肺及中枢神经系统的电流强度越大,触电时间越长,后果也越严重。一般来说,当通过人体的交流电流超过 50mA 时,就会发生昏迷,心脏可能停止跳动,并且会出现严重的电灼伤。当通过人体的交流电流达到 100mA 时,会很快导致死亡。

另外,值得一提的是,触电电流频率的高低对触电者人身造成的损害也会有所差异,根据实践证明,触电电流的频率越低,对人身的伤害越大,频率为 40~60Hz 的交流电对人体更为危险,随着频率的增高,触电危险的程度会随之下降。

除此之外,触电者自身的状况在一定程度上也会影响触电造成的伤害。身体的健康状况、精神状态以及表面皮肤的干燥程度、触电的接触面积和穿着服饰的导电性都会对触电伤害造成影响。

对于电工来说,常见的触电形式主要有直接触电和间接触电、雷击几种类型。下面通过实际案例对不同的触电状况进行说明,这对于建立安全操作意识、掌握规范操作是十分重要的。

1. 直接触电

直接触电是指人体接触或靠近带电导体或电气设备而发生的触电。根据触电方式的不同,可分为单相触电、两相触电。

(1) 单相触电

单相触电是指人体直接接触带电导体或电气设备的一相电时,电流通过人体与地形成回路而发生的触电。

①室内单相触电。通常情况下,电气安装时出现的单相触电事故,大多是由于电气安装人员在未关断电源且未做好操作前防护的情况下造成的。手触及到断开电线的两端即造成单相触电。图 1-11 所示为维修断线带电的单相触电示意图。

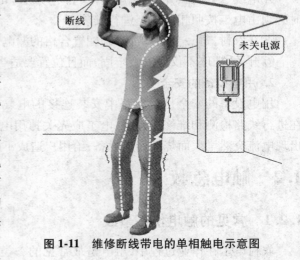

图 1-11 维修断线带电的单相触电示意图

在未断电的情况下进行电气安装,手接触到工具的金属部分也可能导致单向触电,图 1-12 所示是维修插座时的单相触电示意图。

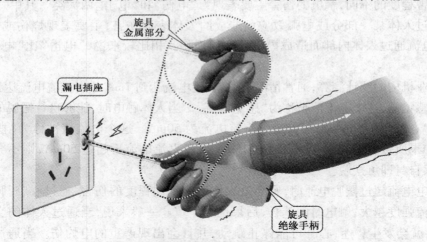

图 1-12 维修插座时的单相触电示意图

②室外单相触电。在室外电气安装时,人体碰触掉落的裸露电线所造成的事故也属于单相触电。图 1-13 所示为户外单相触电示意图。

(2) 两相触电

两相触电是指人体的两个部位同时触及三相线中的两根导线所发生的触电事故。图 1-14 所示为两相触电示意图。电流将从一根导线经人体流入另一根导线,加在人体的电压是电源的线电压。两相触电的危险性比单相触电要大。如果发生两相触电,如抢救不及时,可能会造成触电者死亡。

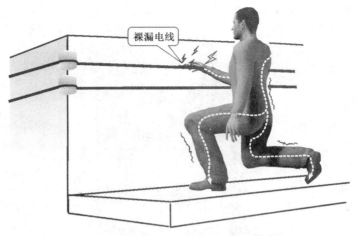

图 1-13　户外单相触电示意图

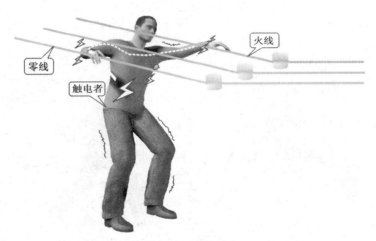

图 1-14　两相触电

2. 间接触电

间接触电是指人体接触或接近由于设备损坏导致金属外壳或部件带电而发生的触电。

（1）接触电压触电

接触电压触电多发生在手接触到由于电气设备损坏，使金属外壳或绝缘导线带电；或由于导线绝缘层损坏带电，从而导致的触电。图 1-15 所示为接触电压触电。

（2）跨步电压触电

当高压输电线掉落到地面时，由于电压很高，掉落的电线断头会使一定范围（半径为 8~10m）的地面带电。以电线断头处为中心，离电线断头越远，电位越低。如果此时有人走入这个区域，便会造成跨步触电，且步幅越大，造成的危害也越大。

从理论上讲，如果感觉自己误入了跨步电压区域，应立即将双脚并拢或采用单腿着地的方式跳离危险区。图 1-16 所示为跨步触电实际案例示意图。

图 1-15　接触电压触电

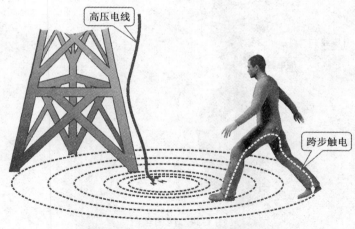

图 1-16　跨步触电实际案例示意图

3. 雷电电击

雷电电击是在雷电天气,当人体接触金属物体、导线等导体时,被引入的雷电击中的触电。图 1-17 所示为雷电电击的示意图。

1.2.2　触电急救的方法

电工在安装作业时,经常会在高处作业,难免会出现触电、外伤、烧伤等事故,一旦发生事故,必须马上采取相应的急救措施。

触电急救的要点是救护迅速、方法正确。当发现有人触电时,首先应让触电者脱离电源,但不能在没有任何防护措施的情况下直接与触电者接触。下面分别介绍触电者在触电时与触电后的具体急救方法。

图 1-17　雷电电击的示意图

1. 触电时的急救处理

触电时的急救措施分为低压触电急救处理和高压触电急救处理。

（1）低压触电急救处理

通常情况下，低压触电急救处理是指触电者的触电电压低于 1000V 的急救处理。其具体做法是让触电者迅速脱离电源，然后进行救治。下面来了解一下脱离电源的具体做法。

若救护者在开关附近，应马上断开电源开关。图 1-18 所示为断开电源开关的示意图。

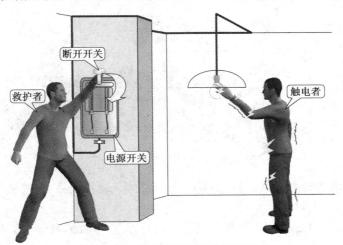

图 1-18　断开电源开关的示意图

若救护者离开关较远，无法及时关掉电源，切忌直接用手去拉触电者。在条件允许的情况下，需穿上绝缘鞋，戴上绝缘手套等防护措施来切断电线，从而断开电源。具体操作如图 1-19

所示。

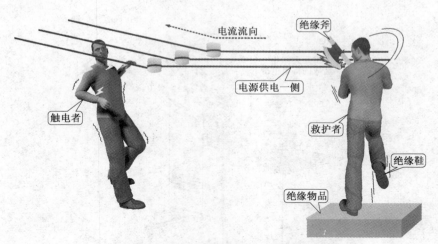

图 1-19　切断电源线的具体操作示意图

　　若触电者无法脱离电线,应利用绝缘物体使触电者与地面隔离。如用干燥木板垫在触电者身体底部,直到身体全部隔离地面,这时救护者就可以将触电者脱离电线,如图 1-20 所示。在操作时,救护者不应与触电者接触。

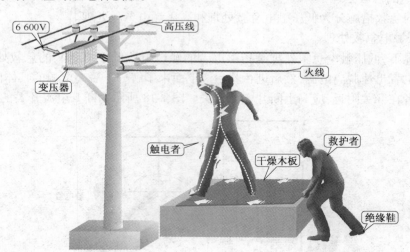

图 1-20　将木板垫在触电者身下

　　若电线压在触电者身上,可以利用干燥的木棍、竹竿、塑料制品、橡胶制品等绝缘物挑开触电者身上的电线,如图 1-21 所示。

　　在急救时,严禁使用潮湿物品或者直接拉开触电者,以免救护者触电。图 1-22 为低压触电急救的错误操作。

　　(2)高压触电急救处理

　　高压触电急救处理是指电压达到 1000V 以上的高压线路和高压设备的触电事故急救处

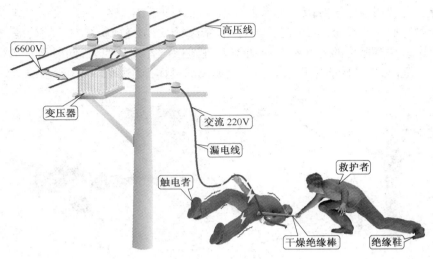

图 1-21　挑开电源线

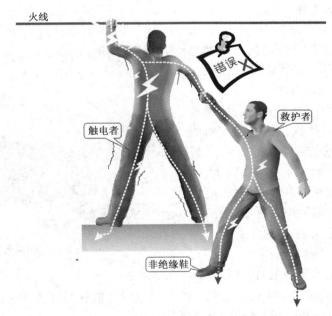

图 1-22　低压触电急救的错误操作

理。当发生高压触电事故时,其急救处理应比低压触电更加谨慎,因为高压已超出安全电压范围很多,接触高压时一定会发生触电事故,而且在不接触时,靠近高压也会发生触电事故。下面介绍高压触电急救的具体方法:

①应立即通知有关电力部门断电,在没有断电的情况下,不能接近触电者,否则有可能会产生电弧,导致救护者烧伤。

②在高压的情况下,一般的低压绝缘材料会失去绝缘效果,因此不能用低压绝缘材料去接

触带电部分。需利用高电压等级的绝缘工具拉开电源,如高压绝缘手套、高压绝缘鞋等。

③抛金属线操作。抛金属线(钢、铁、铜、铝等)操作是先将金属线的一端接地,然后抛另一端金属线。这里注意抛出的另一端金属线不要碰到触电者或其他人,同时救护者应与断线点保持8~10m的距离,以防跨步电压伤人。抛金属线的具体操作如图1-23所示。

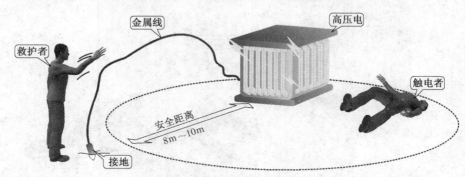

图1-23　抛金属线操作示意图

2. 触电后的急救方法

(1)轻度触电的急救方法

当维修人员出现轻度触电时,通常神志清醒,但有头晕、恶心、呕吐、乏力、四肢麻木的症状,应使触电者静卧休息等待救援。

(2)中度触电的急救方法

当维修人员出现中度触电时,若已经失去知觉,但有心跳和呼吸,此时采用如图1-24所示的急救方法,应将其仰卧垫高肩部,使其颈部伸直、头部后仰、鼻孔朝天,同时解开衣扣、腰带,以保持其呼吸顺畅,施救者较多时不要围观。若触电者呼吸困难,应准备进行心肺复苏的现场施救。

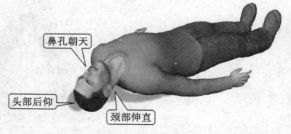

图1-24　畅通气道

(3)重度触电的急救方法

当维修人员出现重度触电时,往往昏迷且会伴随出现无心跳、无自主呼吸等症状。由于触电后可能从高处摔下,还可能伴有外伤,因此需要心脏复苏的急救和外伤的急救。

①判断触电者呼吸、心跳情况。当触电者意识丧失时,应在10s内观察并判断触电者呼吸及心跳情况,然后采取措施进行急救,图1-25所示为呼吸及心跳的判断方法。判断时首先查看触电者的腹部、胸部等有无起伏动作,接着用耳朵贴近触电者的口鼻处,听触电者是否有呼吸声音,最后试测嘴和鼻孔是否有呼气的气流,再用一手扶住触电者额头部,另一手摸颈部动脉有无脉搏跳动。若判断触电者无呼吸也脉搏跳动时,此时可以判定触电者呼吸、心跳停止。

②人工呼吸急救前的准备。当得知触电者停止呼吸时,应当及时为其进行人工呼吸救治。在实际施救过程中,不同触电者的具体情况有所差别,所以在采取人工呼吸急救前,可根据实

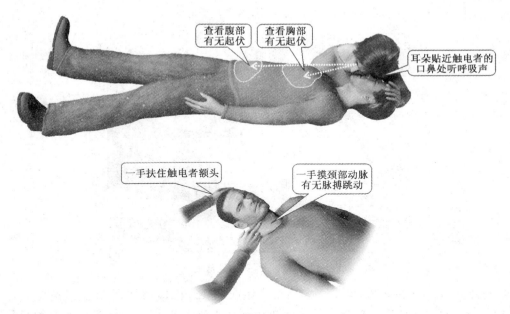

图 1-25　触电者呼吸、心跳情况的判断

际情况采取一定的准备措施。一般可采用托颈压额法、仰头抬颌法、托颌法等以保持触电者呼气通畅。

●　托颈压额法也称压额托颌法。救护者站立或跪在触电者身体一侧,用一只手放在触电者前额并向下按压,同时另一只手的食指和中指分别放在两侧下颌角处并向上托起,使触电者头部后仰,气道开放,如图 1-26 所示。在实际操作中,此方法不仅效果可靠,而且省力,不会造成颈椎损伤,便于做人工呼吸。

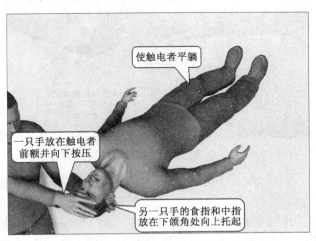

图 1-26　托颈压额法

●　仰头抬颌法也称压额提颌法。若触电者无颈椎损伤,可首选此方法。救护者站立或跪在触电者身体一侧,用一只手放在触电者前额并向下按压,同时另一只手向上提起触电者下

颌,使得下颌向上抬起,头部后仰,气道开放,如图 1-27 所示。

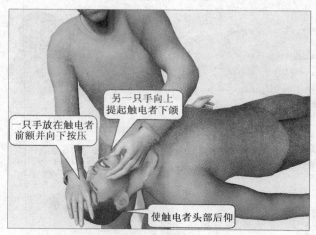

图 1-27　仰头抬颌法

● 托颌法也称双手拉颌法。若触电者已发生或怀疑颈椎损伤,选用此法可避免加重颈椎损伤,但不便于做人工呼吸。救护者站立或跪在触电者头顶端,肘关节支撑在触电者仰卧的平面上,两手分别放在触电者额头两侧,分别用两手拉起触电者两侧的下颌角,使头部后仰,气道开放,如图 1-28 所示。

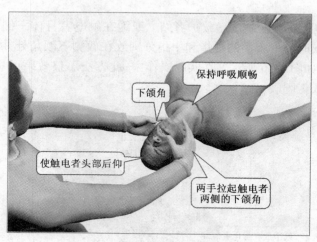

图 1-28　托颌法

③人工呼吸急救。在进行人工呼吸前,救护者最好用一只手捏紧触电者的鼻孔,使鼻孔紧闭,另一只手掰开触电者的嘴巴,除去口腔中的黏液、食物、假牙等杂物。如果触电者的舌头后缩,应把舌头拉出来使其呼吸畅通。图 1-29 所示为人工呼吸急救前的准备工作示意图。

图 1-30 所示为对触电者进行口对口的人工呼吸示意图。救护者首先深吸一口气,紧贴触电者的嘴巴大口吹气,使其胸部膨胀,然后救护者换气,放开触电者的嘴鼻,使触电者自动呼气。如此反复进行上述操作,吹气时间为 2~3s,放松时间为 2~3s,即 5s 左右为一个循环。重

复操作,中间不可间断,直到触电者苏醒为止。

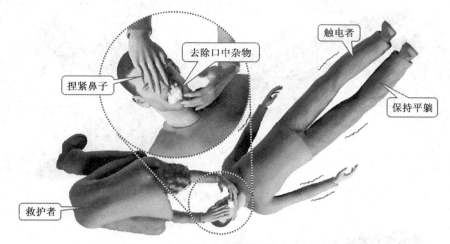

图 1-29　人工呼吸急救前的准备工作示意图

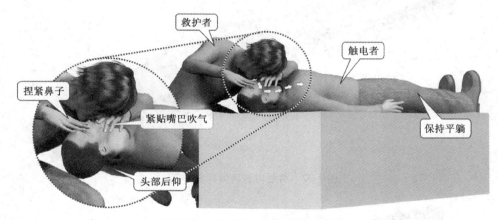

图 1-30　口对口人工会呼吸示意图

值得注意的是:在进行人工呼吸时,救护者吹气时要捏紧鼻孔,紧贴嘴巴,不使漏气,放松时应能使触电者自动呼气;对体弱者和儿童吹气时只可小口吹气,以免肺泡破裂。

④牵手急救法。触电者嘴或鼻被电伤,无法对触电者进行口对口人工呼吸或口对鼻人工呼吸,也可以采用牵手急救法进行救治,具体抢救方法如下。

首先使触电者仰卧,肩部垫高,最好用柔软物品(如衣服等),这时头部应后仰,如图 1-31所示。

救护者蹲跪在触电者头部附近,两只手握住触电者的两只手腕,让触电者两臂在其胸前弯曲,让触电者呼气。如图 1-32 所示,并且在操作过程中不要用力过猛。

救护者将触电者两臂从头部两侧向头顶上方伸直,让触电者吸气,如图 1-33 所示。

值得注意的是:牵手呼吸法最好在救护者多时进行,因为这种救护法比较消耗体力,需要几名救护者轮流对触电者进行救治,以免救护者反复操作导致疲劳,耽误触电者的救治时间。

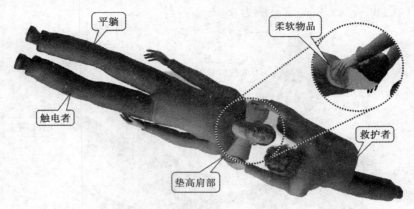

图 1-31　肩部垫高示意图

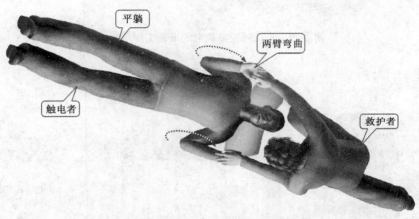

图 1-32　将触电者两臂弯曲呼气

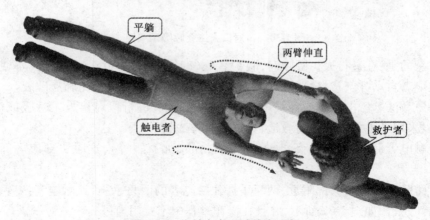

图 1-33　将触电者两臂伸直吸气

⑤胸外心脏按压法。通过呼吸心跳的判断方法得知触电者的心跳停止时,应及时为其进行胸外心脏按压法救治。

　　做胸外心脏按压时应使触电者仰卧在比较坚实的地方,如图 1-34 所示。施救人员应跪在触电者一侧或跪在腰部两侧,两手相叠,手掌根部放在胸骨正上方。

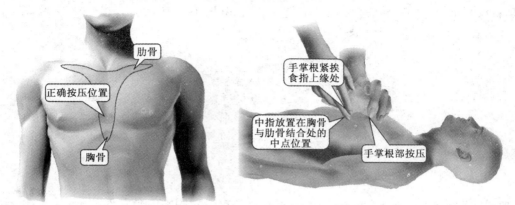

肋骨

正确按压位置

胸骨

手掌根紧挨食指上缘处

中指放置在胸骨与肋骨结合处的中点位置

手掌根部按压

图 1-34　胸外心脏按压的位置

　　图 1-35 所示为掌根垂直用力向下(脊背的方向)按压,成人应将胸骨压陷 3～5cm,以按压 60 次/min 为宜。按压后掌根迅速全部放松,让触电者胸廓自动恢复,放松时掌根不必完全离开胸部,以免改变正确的按压位置。

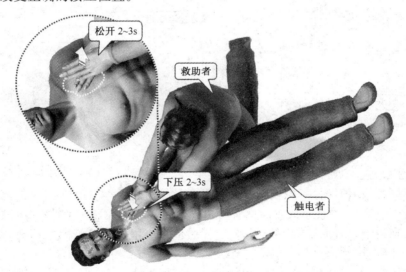

松开 2～3s

救助者

下压 2～3s

触电者

图 1-35　胸外心脏按压的操作

　　值得注意的是,在进行胸外心脏按压时,应同时进行口对口人工呼吸和胸外心脏按压。如果现场只有一人抢救,应两种方法交替进行。可以按压 4 次后,吹气 1 次,且吹气和按压的速度都应比同时进行吹气和按压略快,以免影响抢救效果。

　　另外,触电者若从高处跌落往往还存在外伤。摔伤急救的原则是先抢救,后固定。在搬运触电者时,应注意防止伤情加重或伤口污染。当触电者出现外部出血应立即采取止血措施,防止触电者失血过多导致休克。

⑥外伤的止血急救。确定伤情后,需要及时采取有效的急救方法。如果是开放性伤口,不论伤口大小,都需要用消毒后的纱布包扎;包扎后仍有较多的血渗出,可用绷带(止血带)加压止血,若没有条件可用干净的棉布对伤口进行包扎,如图 1-36 所示。

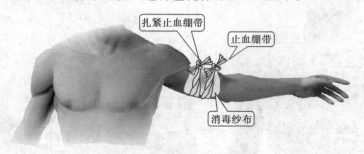

图 1-36　止血急救

值得注意的是,触电者若是从高处坠落、挤压等可能有胸腹内脏破裂出血。从外观看触电者并无出血,但常表现为脸色苍白、脉搏细弱、全身出冷汗、烦躁不安甚至神志不清等休克症状,应让触电者迅速躺平,使用椅子将下肢垫高,如图 1-37 所示,并让肢体保持温暖,速送医院救治。若送往医院的路途时间较长,可先给触电者饮用少量的糖盐水。

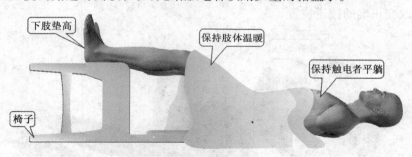

图 1-37　垫高下肢

⑦外伤骨折急救。骨折急救包括肢体骨折急救、颈椎骨折急救和腰椎骨折急救等,下面分别介绍肢体骨折急救、颈椎骨折急救和腰椎骨折急救的做法。

● 肢体骨折急救。伤者是属于肢体骨折,可以使用夹板、木棍、竹竿等将断骨上下两个关节固定。也可利用触电者的身体进行固定,这样做也是为了避免骨折部位移动,减少触电者疼痛,防止触电者的伤势恶化,如图 1-38 所示。

值得注意的是,若出现开放性骨折,有大量出血者,先止血再固定,并用干净布片覆盖触电者伤口,然后迅速送往医院进行救治,切勿将外露的断骨推回伤口内。若没有出现开放性骨折,最好也不要自行揉、拉、捏、掰等操作,应该等急救医生赶到或到医院后让医务人员进行救治处理。

● 颈部骨折急救。触电者是属于颈椎骨折,可先将触电者平卧,用沙土袋或其他代替物放置在头部两侧,使颈部固定不动。切忌将触电者头部后仰、移动或转动头部,以免引起截瘫或死亡,如图 1-39 所示。

● 腰椎骨折急救。触电者属于腰椎骨折,应将触电者平卧在平硬木板上,并将腰椎躯干及

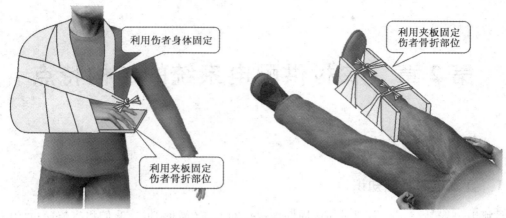

图 1-38　肢体骨折固定方法

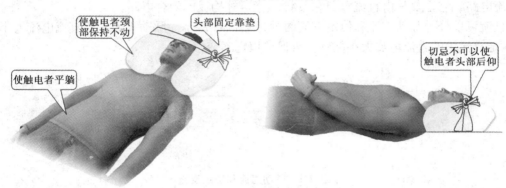

图 1-39　颈椎骨折固定方法

两侧下肢一起固定在木板上预防触电者瘫痪,在移动触电者时,为了让触电者身体保持平稳,最好是数人合作移动,在移动的过程中不能扭曲触电者,如图 1-40 所示。

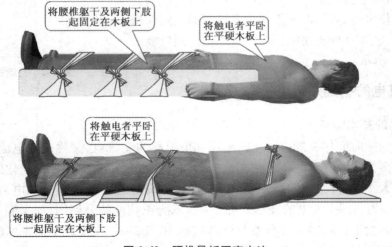

图 1-40　腰椎骨折固定方法

第 2 章　农村供配电系统的结构特点

2.1　直流电与交流电

2.1.1　直流电的基础知识

直流电一般是指方向不随时间作周期性变化的电流(简称 DC),我们将直流通过的电路称为直流电路。它主要是由直流电源和负载(电阻)等构成的闭合电路。

直流可以分为脉动直流和恒定直流两种,如图 2-1 所示。脉动直流中的直流电流大小不稳定,恒定直流中的直流电流大小能够一直保持恒定不变。

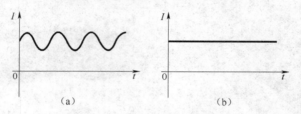

图 2-1　脉动直流和恒定直流

(a)脉动直流　(b)恒定直流

一般将可提供直流电的装置称为直流电源,它是一种形成并保持电路中恒定直流的供电装置,如干电池、蓄电池、直流发电机等直流电源。直流电源有正、负两级,当直流电源为电路供电时,直流电源能够使电路两端之间保持恒定的电位差,从而在外电路中形成由电源正极到负极的电流,如图 2-2 所示。

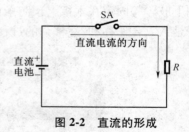

图 2-2　直流的形成

2.1.2　交流电的基础知识

1. 交流电的基本特点

大小和方向随时间作有规律变化的电压和电流称为交流电,又称交变电流。日常生活中用到的交流电多为正弦交流电。正弦交流电是随时间按照正弦函数规律变化的电压和电流。由于交流电的大小和方向都随时间不断变化,即每一瞬间电压(电动势)和电流的数值都不相同。图 2-3 所示为不同交流电的波形。图 2-4 所示为正弦波的分解图,如果圆周上的一点 D,由 D0 开始以恒定角速度旋转,在任意时刻,如 D0、D1、D2……在 Y 轴上的坐标(或在 Y 轴上的分量)可以用正弦函数的公式 $\sin\theta$ 来表示,设圆的半径为 r,相位角为 θ。当 D 绕圆心旋转一

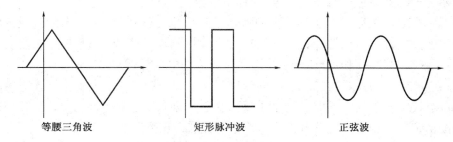

等腰三角波　　　　　　矩形脉冲波　　　　　　正弦波

图 2-3　不同交流电的波形

周时,Y 的值与旋转角度的关系就是一个正弦曲线。

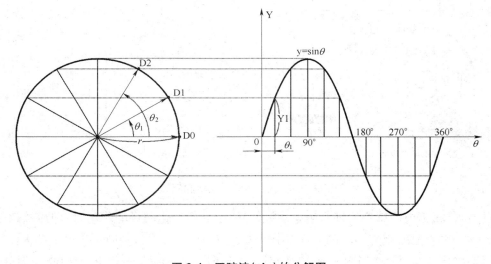

图 2-4　正弦波(sin)的分解图

在现代工农业生产和日常生活中,由发电站送来的电能都是交流电。而各种电池提供的能源则都是直流电。交流电在生产使用方面具有明显的优势和重大的经济意义。例如,在远距离传输时,将交流电的电压升高,采用高压输电可减少线路上的电能损耗。当电能输送到用户,又可进行降压处理,以便安全使用。这种升压和降压,在交流供电系统中可以很方便地由变压器来实现。很多用电设备(例如交流感应电动机和照明设备)直接由交流电源驱动。交流电也可以借助于变压器和整流设备将交流电转化成为直流电。

由图 2-4 可见,正弦交流电的变化非常平滑且不易产生高次谐波,不仅安全性好,而且有利于减少电气设备运行中的能量损耗。非正弦波交流电都是由不同频率的正弦信号叠加而成,如方波脉冲电流可以分解成无限个不同频率的正弦波。

2. 交流电的产生

在日常的生产和生活中,电动机应用的场合很多,很多设备都是采用电动机作为动力源。给电动机加上交流电源,电动机就会运转。常见的交流感应电动机是由定子线圈和转子构成的,交流电源加到定子线圈上就会产生旋转磁场,进而带动转子旋转。而发电机则相反,即旋转转子会在定子线圈中感应出交变的电压(即电动势)。

图 2-5 所示为交流发电机的结构和原理,转子是由永磁体构成的,当水轮机或汽轮机带动发电机转子磁极旋转,对定子线圈辐射磁场、磁力线切割定子线圈,定子线圈中便会产生感应电动势,转子磁极转动一周就会使定子线圈产生相应的电动势(电压)。

由于感应电动势的强弱与感应磁场的强度成正比,感应电动势的极性与感应磁场的极性相对应。定子线圈所受到的感应磁场是正反向交替周期性变化的。转子磁极匀速转动时,感应磁场是按正弦规律变化的。发电机输出的电动势则为正弦波形。

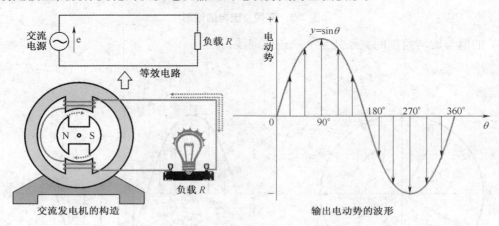

交流发电机的构造   输出电动势的波形

图 2-5   交流发电机的结构和原理

发电机是根据电磁感应原理产生电动势,当线圈受到变化磁场的作用时,即线圈切割磁力线便会产生感应磁场,感应磁场的方向与作用磁场方向相反。发电机的转子可以被看作是一个永磁体,如图 2-6a 所示,当 N 极旋转并接近定子线圈时,会使定子线圈产生感应磁场,方向为 N/S,线圈产生的感应电动势为一个逐渐增强的曲线;当转子磁极转过线圈继续旋转时,感应磁场则逐渐减小。

当转子磁极继续旋转时,转子磁极 S 开始接近定子线圈,磁场的磁极发生了变化,如图 2-6b 所示,定子线圈所产生的感应电动势极性也翻转 180°,感应电动势输出为反向变化的曲线。转子旋转一周,感应电动势又会重复变化一次。由于转子旋转的速度是均匀恒定的,因此输出电动势的波形则为正弦波。

(1)单相交流电的产生

在发电机中,如定子线圈为一组,它所产生的感应电动势(电压)也为一组,如图 2-7 所示,由两条线传输,这种电源就是单相电源。这种方式多在小型移动发电机中采用。

(2)两相交流电的产生

在发电机内设有两组定子线圈互相垂直地分布在转子外围,如图 2-8 所示。转子旋转时两组定子线圈产生两组感应电动势,这两组电动势之间有 90° 的相位差,这种电源为两相电源。这种方式多在自动化设备中使用。

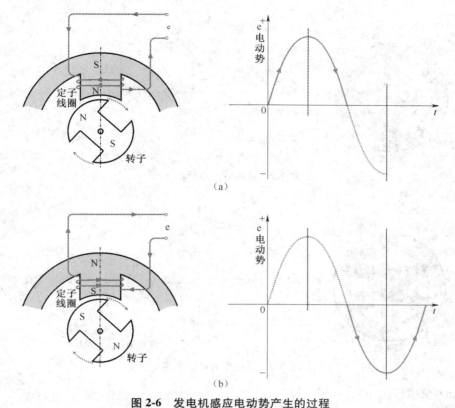

图 2-6　发电机感应电动势产生的过程

（a）转子磁极 N 转向定子线圈时　（b）转子磁极 S 转向定子线圈时

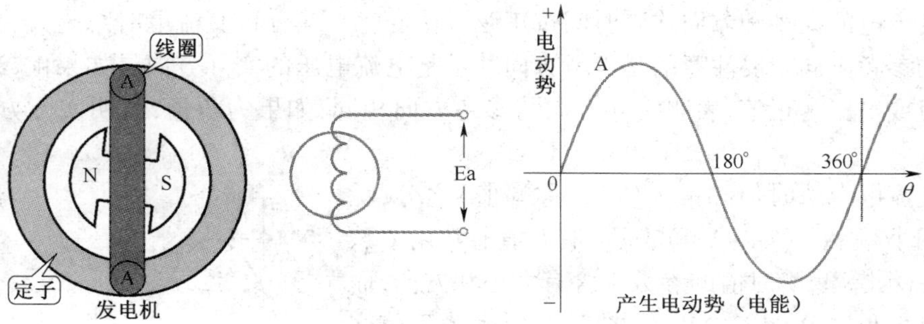

图 2-7　单相交流电的产生

（3）三相交流电的产生

三相交流电是由三相交流发电机产生的，如图 2-9 所示。在定子槽内放置着三个结构相同的定子绕组 A、B、C，这些绕组在空间互隔 120°。转子旋转时，其磁场在空间按正弦规律变化，当转子由水轮机或汽轮机带动以角速度 ω 等速顺时针方向旋转时，在三个定子绕组中就产生频率相同、幅值相等、相位上互差 120° 的三个正弦电动势，这样就形成了对称三相电动势。

三相电压源供电系统可以分为三个单相电源供电系统。实际上，住宅用电的供给是从三

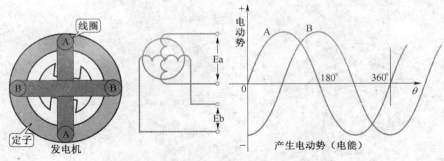

图 2-8　两相交流电的产生

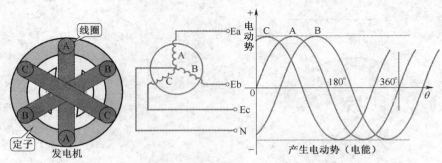

图 2-9　三相交流电的产生

相配电系统中抽取其中的某一相电源。

3. 交流电的基本参数

(1)交流电的基本参数

正弦交流电的大小和方向均随时间按正弦规律变化。在分析交流电时总是人为地规定电流和电压的参考方向。要注意的是参考方向并不是电流电压的实际方向。如果由参考方向计算出的电流或电压为正值,表明实际方向与参考方向相同;如果为负值,表明实际方向与参考方向相反。

正弦交流电有瞬时值和最大值(或称幅值)之分,瞬时值通常用小写字母(如 u,i)表示,最大值通常用 U_m、I_m 表示。必须指出,瞬时值的参数中含有大小和方向,而最大值只有大小之分,不含方向。图 2-10 所示为正弦交流电的波形图。由图可见,瞬时值是随时间 t 做周期性变化的,而最大值却是一定的。

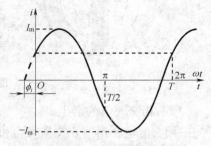

图 2-10　正弦交流电的波形图

(2)正弦交流电的主要物理量

随时间按正弦规律做周期变化的量称为正弦量,如图 2-11 所示。正弦量的振幅值、频率(或角频率、周期)和初相位称为正弦量的三要素。

①振幅值。正弦交流电瞬时值中最大的数值叫作最大值或振幅值。振幅值决定正弦量的

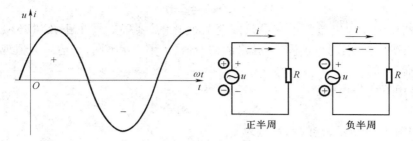

图 2-11　正弦量图

大小。

②周期。周期是正弦量变化一次所需的时间,用"T"表示。

③频率。频率是指正弦量在单位时间内变化的次数,用"f"表示,单位为赫兹,简称"赫",用字母"Hz"表示。频率决定正弦量变化的快慢。

频率是周期的倒数,其关系如图 2-12 所示,即:

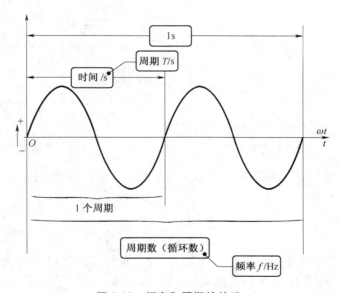

图 2-12　频率和周期的关系

我国交流电网的频率采用 50Hz,美国和日本则采用 60Hz。

④角频率。正弦量单位时间内变化的弧度数,用"ω"表示,单位是弧度/秒,用字母"rad/s"表示,如图 2-13 所示。

角频率和频率的关系可用下面公式表示:

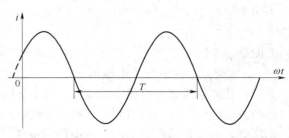

图 2-13　角频率和频率的关系图

$$\omega = 2\pi/T = 2\pi f$$

⑤相位、初相位和相位差。正弦量是随时间变化的,要确定一个正弦量必须从计时起点($t=0$)上看。所取的时间起点不同,正弦量的初始值($t=0$)就不同,到达最大值或某一特定值所需的时间也就不同。

正弦量可用下面公式表示:

$$i = I_m \sin\omega t（初相为零）$$

波形图如图2-14所示,它的初始值为零。

正弦量可用下面公式表示:

$$i = I_m(\omega t + \phi_i)（初相位为 \phi_i）$$

不同初相位的波形如图2-15所示,其初始相位值($t=0$ 时)不等于零,而是 $i_0 = I_m \sin\phi_i$ 。上式中的瞬时角度 ωt 和($\omega t + \phi_i$)称为正弦量的相位角或相位,当 $t=0$ 时的相位角称为初相位角或初相位。公式中的初相位为" ϕ_i ",所取计时起点不同,正弦量的初相位不同,其初始值就不同。

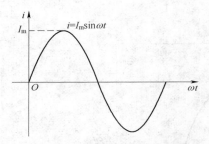

图2-14　初相位等于零的正弦波形

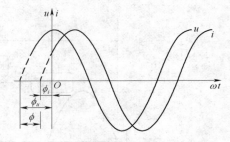

图2-15　不同初相位的波形图

在一个正弦交流电路中,电压 u 和电流 i 的频率是相同的,但初相位不一定相同,如图2-15中, u 和 i 的波形可以用下面公式表示:

$$u = U_m \sin(\omega t + \phi_u)$$

$$i = I_m \sin(\omega t + \phi i)$$

它们的初相位分别是 ϕ_u 和 ϕ_i 。因此定义:两个同频率正弦量的相位角之差或初相位角之差为"相位差",从图2-15中可以看出 u 、 i 的相位差为:

$$\phi = (\omega t + \phi_i) - (\omega t + \phi_u) = \phi_i - \phi_u$$

当两个同频率正弦量的计时起点($t=0$)改变时,它们的相位和初相位跟着改变,但相位差不变。

下面是两个同频率正弦量的相位关系,如图2-16所示。

（3）正弦交流电的电压和电流值

由于正弦波电压或电流值连续变化,引用这个波形值时就需要准确地加以描述,交流电路中有5个关于电压和电流的重要值,分别是最大值或峰值、峰-峰值、瞬时值、有效值和平均值。

①峰值。从零基准点到波峰处的电压或电流值,如图2-17所示。峰值在一周中出现两次,一次是正的最大值处,另一次是负的最大值处。

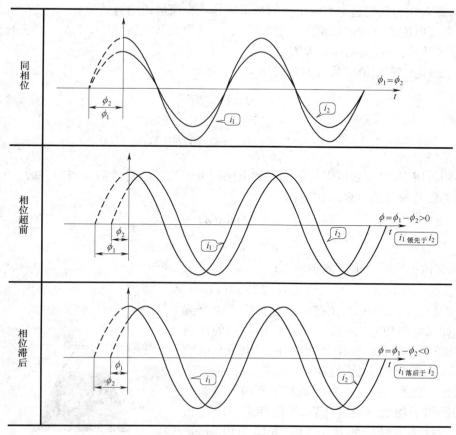

图 2-16　同频率正弦量的相位关系

②峰-峰值。正弦波从一个峰到另一个峰的总的电压或电流值,如图 2-18 所示。它等于 2 倍的峰值。

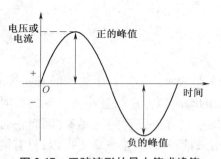

图 2-17　正弦波形的最大值或峰值

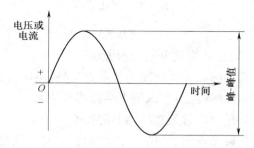

图 2-18　正弦波形的峰-峰值

③瞬时值。电压或电流的瞬时值是正弦波上任意时间的值,它可以是从零到峰值之间的任意值。

④有效值。把一直流电流和一交流电流分别通过同一电阻,如果经过相同的时间产生相

同的热量,那么我们就把这个直流电流的数值叫作该交流电流的有效值。

正弦交流电流的有效值通常用字母"I"表示,其电流最大值用"I_m"表示。正弦交流电压的有效值用"U"表示,其电压最大值用"U_m"表示。

正弦交流电的有效值与最大值之间的关系表示如下:

$$I = \frac{1}{\sqrt{2}}I_m = 0.707I_m$$

$$U = \frac{1}{\sqrt{2}}U_m = 0.707U_m$$

我们用万用表、电压表或安培表测得的电压和电流均是指有效值。当用有效值时,正弦交流电流和电压的瞬时值可表示如下:

$$i = \sqrt{2}I\sin(\omega t + \phi_i)$$
$$u = \sqrt{2}U\sin(\omega t + \phi_u)$$

220V 交流电压瞬时值可表示如下:

$$u = \sqrt{2}\,220\sin(\omega t + \phi_u)$$

⑤平均值。用来表示当正弦波经过整流成为直流后的值。如果电压和电流在整个半周内按相同的比例变化,平均值将是峰值的一半。然而,由于电压和电流并不是按相同的比例变化,这时就需要用另一种方法求其平均值。交流正弦波的平均值是半周内所有瞬时值的平均值的平均数。经过计算,半周期内一个纯正弦波的平均值为其峰值的 0.637 倍,如图 2-19 所示。正弦交流电流的平均值通常用字母"$\bar{I}$"表示,正弦交流电压的平均值用"$\bar{U}$"表示,其公式表示如下:

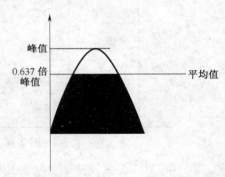

图 2-19　半周正弦波电压或电流的平均值

$$\bar{U} = U_m \times 0.6337$$

$$\bar{I} = I \times 0.6337$$

(4)正弦交流电的表示方法

除了前面的波形图的表示方法外,还可以用旋转矢量表示。即用一个旋转的有向线段(具有方向性的线段)在纵轴上的投影值表示一个正弦量的瞬时值。正弦量在各时刻的瞬时值与旋转矢量对应时刻在纵轴上的投影一一对应。由于矢量具有正弦量的三要素,因而正弦量可以用矢量来表示。(值得注意的是,只有正弦量才能用矢量表示,非正弦量不可以;只有同频率的正弦量才能画在一张矢量图上,不同频率不行)

正弦量用矢量表示有两种方式:幅度用最大值表示,则用符号 $\overrightarrow{U_m}$、$\overrightarrow{I_m}$、$\overrightarrow{E_m}$;幅度用有效值表示,则用符号:$\overrightarrow{U}$、$\overrightarrow{I}$、$\overrightarrow{E}$。

正弦量矢量作图方式如图 2-20 所示。

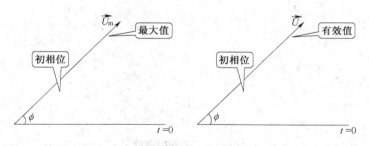

图 2-20　正弦量矢量作图

正弦量的幅值、频率及相位三个参数除了用三角函数表示和波形表示外，还可以用向量形式表示。

下面以 $u = U_m \sin(\omega t + \phi)$ 为例，说明旋转向量在表达正弦交流电压的具体方法。如图 2-21 所示，左边是一旋转有向线段（具有方向性的线段），右边是正弦量 $u = U_m \sin(\omega t + \phi)$ 的波形。有向线段的长度等于正弦量的幅值 U_m，它的初始位置（$t = 0$）与横轴正方向之间的夹角等于正弦量的初始相位 ϕ，并以正弦量的角频率 ω 作逆时针方向旋转。这样，正弦量在某时刻的瞬时值可从纵轴上的投影表示出来。例如：在 $t = 0$ 时，$u_0 = U_m \sin\phi$；在 $t = t_1$ 时，$u_1 = U_m \sin(\omega t_1 + \phi)$。

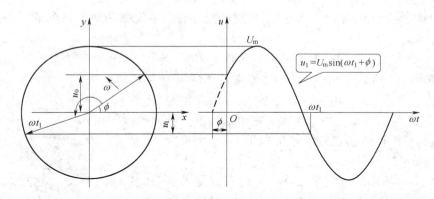

图 2-21　用正弦波形和旋转向量表示正弦量

由图可见，用旋转向量既可表示正弦交流电的相位角，又可表示其瞬时值。正弦交流电通过线性电路时，其角频率是不变的，因此，相同频率不同正弦量仅是幅值和初相位的区别。

所谓"向量法"就是用有向线段表示正弦量的方法。有向线段的长度等于正弦量的幅值，它与横轴正方向间的夹角等于正弦量的初相位角。电压幅值向量用" $\dot{U}_m$ "表示，电流幅值向量用" $\dot{I}_m$ "表示，如一正弦量 $u = U_m \sin(\omega t + \phi)$ 可用向量 $\dot{U}_m = U_m \angle \phi_u$ 表示；$i = I_m \sin(\omega t + \phi_i)$ 可用向量 $\dot{I}_m = I_m \angle \phi_i$ 表示。在运用时也可以用有效值向量表示，如图 2-22 所示。

在运用旋转向量法时，应注意如下几点：

①有向线段的长度按比例代表正弦量的幅值（或有效值）。

②有向线段与横轴的夹角为初相角。

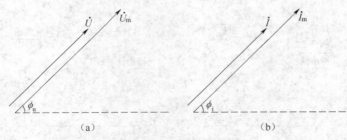

图 2-22   正弦量的向量图

(a)用向量表电压   (b)用向量表电流

③不同频率正弦量的旋转向量不能画在同一图中。

④非正弦交流电不能用向量表示。

⑤同一图中两个向量之间的夹角是两个同频正弦量的相位差。

⑥向量按逆时针旋转所成角度为正值,按顺时针旋转所成角度为负值。

4. 电能与电功率的基本概念

(1)电能的基本概念

能量被定义为做功的能力。它以各种形式存在,包括电能、热能、光能、机械能、化学能以及声能等。电能是指电荷移动所承载的能量。

电能的转换是在电流做功的过程中进行的。因此,电流做功所消耗电能的多少可以用电功来度量,即:

$$W = UIt$$

式中单位:U—V,I—A,t—h 时,电功 W 的单位为 J(焦耳)。

日常生产和生活中,电能(或电功)也常用度作为单位。图 2-23 所示为家庭用电能表。它用来计量一段时间内家庭内所有电器耗电(电功)的总和。1 度 = $1kWh = 1kVAh$。

日常生活中使用的电能主要来自其他形式能量的转换,包括水能(水力发电)、热能(火力发电)、原子能(原子能发电)、风能(风力发电)、化学能(电池)及光能(光电池、太阳能电池)等。电能也可转换成其他所需能量形式。它可以采用有线或无线的形式进行远距离的传输。

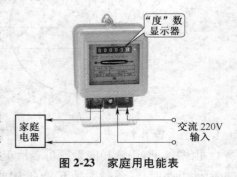

图 2-23   家庭用电能表

(2)电功率的基本概念

功率是指做功的速率或者是利用能量的速率。电功率是指电流在单位时间内(秒)所做的功,以字母"P"表示,即:

$$P = Wt = UIt/t = UI$$

式中:U 的单位为 V,I 的单位为 A,P 的单位为 W(瓦特)。如灯泡的功率标识为 100W 220V,即表示额定电压为交流 220V,功率为 100W。

电功率也常用千瓦(kW),毫瓦(mW)来表示,如某电器的功率标识为 2kW,表示其耗电功率为 2 千瓦。也有用马力(h)(非标准单位)来表示的。它们之间的关系是:

$$1kW = 10^3 W$$

$$1mW = 10^{-3} W$$

$$1h = 0.735kW$$

$$1kW = 1.36h$$

根据欧姆定律,电功率的表达式还可转化为:

$$P = I^2 R$$

$$P = U^2/R$$

由上式可看出:

①当流过负载电阻的电流一定时,电功率与电阻值成正比。

②当加在负载电阻两端的电压一定时,电功率与电阻值成反比。

大多数电器设备都标有电瓦数或者额定功率。如电烤箱上标有 220V/1200W 字样,则 1200W 为其额定功率。额定功率即是电器设备安全正常工作的最大功率。电器设备正常工作时的电压叫额定电压,如 AC220V,即交流 220V 供电。在额定电压下的电功率叫做额定功率。实际加在电器设备两端的电压叫实际电压,在实际电压下的电功率叫实际功率。只有在实际电压恰好与额定电压相等时,实际功率才等于额定功率。

在一个电路中,额定功率大的设备实际消耗功率不一定大,应由设备两端实际电压和流过设备的实际电流决定。

2.1.3 常见的供配电方式

常用的供配电方式有单相两线式、单相三线式、三相三线式、三相四线式和三相五线式。

一般单相交流电(即交流 220V 市电)普遍用于人们的日常生活和生产中,多作为照明和家庭用电;三相交流电(即交流 380V)一般称为动力电源,普遍用于各种动力设备供电,如三相电动机等,广泛应用于具有生产型机械设备的工厂。

通常,家庭中所使用的单相正弦交流电路往往是三相电源分配过来的。如图 2-24 所示,供配电系统送来的多为交流 380V 电源。这种电源是由三根相位差为 120° 的相线(火线)和一根零线(又称中性线)构成。三根相线之间的电压为 380V,而每根相线与零线之间的电压为 220V。这样,三相交流 380V 电源就可以分成三组单相 220V 电源使用。

从结构上看,单相正弦交流电路就是由一根火线和一根零线组成。主要可分为单相两线式和单相三线式两种供电方式。

1. 单相两线式

图 2-25 所示为单相两线式照明配电线路图,从三相三线高压输电线上取其中的两线送入柱上变压器输入端。例如,高压 6600V 电压经过柱上变压器变压后,其次级向家庭照明线路提供 220V 电压。变压器初级与次级之间隔离,输出端火线与零线之间的电压为 220V。

2. 单相三线式

图 2-26 所示为单相三线式配电线路图。单相三线式供电中的一条线路作为地线与大地相

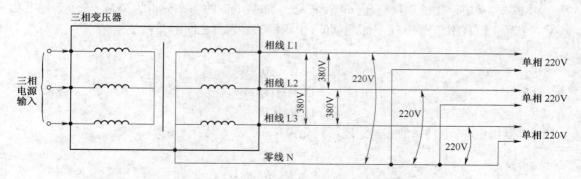

图 2-24　三相交流 380V 变单相交流 220V

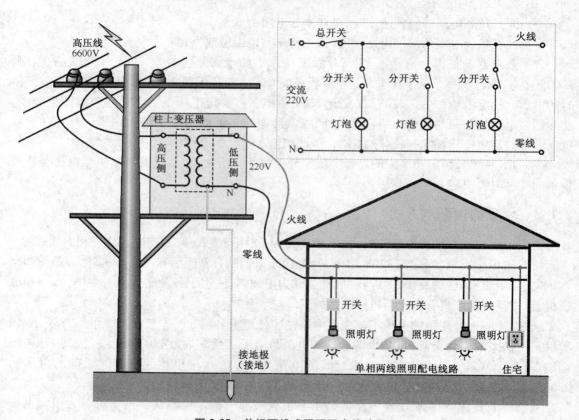

图 2-25　单相两线式照明配电线路图

接。此时,地线与火线之间的电压为 220V,零线(N)与火线(L)之间电压为 220V。由于不同接地点存在一定的电位差,因而零线与地线之间可能有一定的电压。

3. 三相三线式

图 2-27 所示为典型三相三线式交流电动机供电配电线路图。高压(6600V 或 10000V)经柱上变压器变压后,变成低压 380V,由变压器引出三根相线送入工厂中,为工厂中的电气设备供电,每根相线之间的电压为 380V,因此工厂中额定电压为 380V 的电气设备可直接接在相线上。

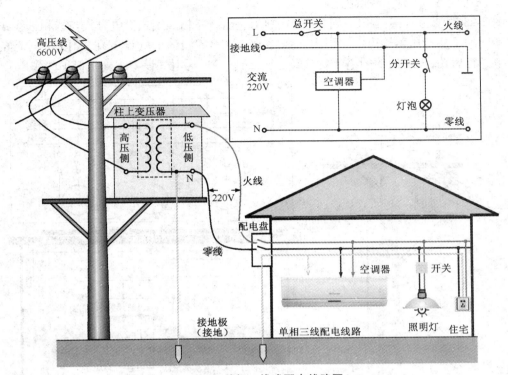

图 2-26　单相三线式配电线路图

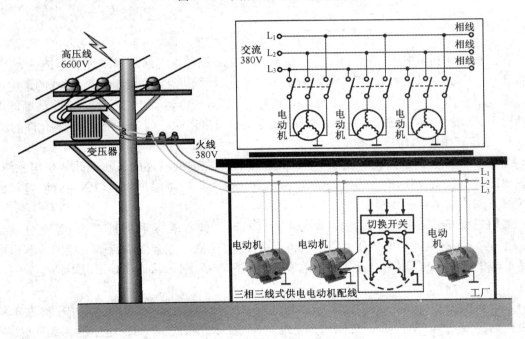

图 2-27　三相三线式交流电动机供电配电线路图

4. 三相四线式（TN-C 供电）

图 2-28 所示为典型三相四线供电方式的示意图。三相四线式供电方式与三相三线式供电方式不同的是从变压器输出端多引出一条零线。接上零线的电气设备在工作时,电流经过电气设备进行做功,没有做功的电流就可经零线回到电厂,对电气设备起到了保护的作用。

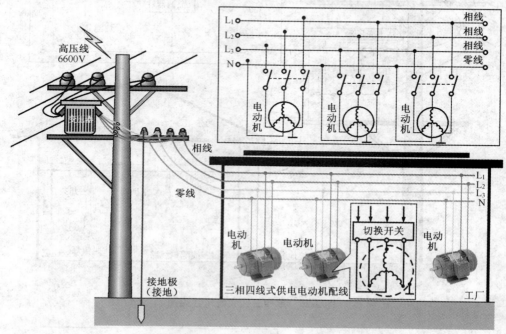

图 2-28　三相四线式供电方式的示意图

在三相四线制供电方式中,由于三相负载不平衡时和低压电网的零线过长阻抗过大时,零线将有零序电流通过,过长的低压电网由于环境恶化、导线老化、受潮等因素,导线的漏电电流通过零线形成闭合回路,致使零线也带一定的电位,这对安全运行十分不利。在零线断线的特殊情况下,断线以后的单相设备和所有保护接零的设备会产生危险的电压,这是不允许的。

5. 三相五线式（TN-S 供电）

图 2-29 所示为典型三相五线供电方式的示意图。在前面所述的三相四线制供电系统中,把零线的两个作用分开,即一根线做工作零线(N),另一根线做保护零线(PN)接地,这样的供电接线方式称为三相五线制供电方式。

采用三相五线制供电方式,用电设备上所连接的工作零线 N 和保护零线 PN 是分别敷设的,工作零线上的电位不能传递到用电设备的外壳上,这样就能有效隔离了三相四线制供电方式所造成的危险电压,用电设备外壳上电位始终处在"地"电位,从而消除了设备产生危险电压的隐患。

发电机中,三组感应线圈的公共端作为供电系统的参考零点,引出线称为中线(在单相供电中称为零线);另一端与中线之间有额定的电压差,称为相线(单相供电中称为火线)。一般情况下,中线是以大地作为导体,故对地电压应为零,称为零线。因此相线对地必然形成一定

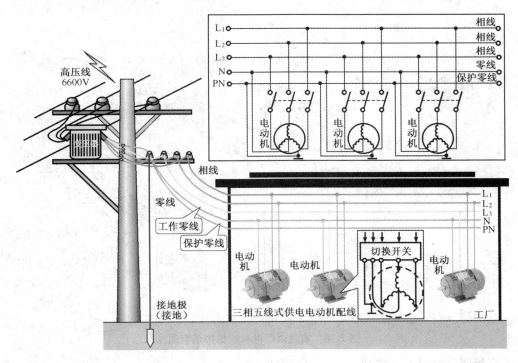

图 2-29 典型三相五线供电方式的示意图

的电压差,可以形成电流回路,故称为火线。正常供电回路由相线(火线)和中线(零线)形成。地线是仪器设备的外壳或屏蔽系统就近与大地连接的导线,其对地电阻小于 4Ω;它不参与供电回路,主要用于保护操作人员人身安全或抗干扰。很多情况下,中线和大地的连接问题会导致用电端中线对地电压大于零,因此三相五线制中将中线和地线分开对消除安全隐患具有重要意义。

2.2 农村供配电系统的结构特点

电力从生产到分配,通常需要经过发电、输电、变电和配电等环节。电能是不能够大量存储的,因此电能的产生、传输、供应和分配必须同时进行。为了提高供电的可靠性和经济性,必须有一个完整的供配电系统。

2.2.1 农村供配电系统的组成

农村供配电系统主要是为农村各种用电场所和设备进行电力供应和分配的系统,它是农村电力网的重要组成部分,图 2-30 所示为农村供配电系统结构示意图。

农村供电主要是低压供电,电力往往直接从电力系统中(如农村变电所 10kV 电压)获得,然后经电力设备(电力变压器)降压(380V/220V 电压)后,再根据不同的用电需求进行分配。

根据用电场所及设备的不同,农村供配电系统主要可分为三大部分。

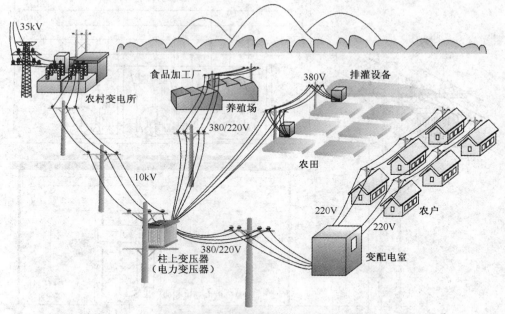

图 2-30 农村供配电系统结构示意图

1. 家用照明供配电系统

家用照明供配电系统是农村供配电系统的主要组成部分。一般农村家用照明供配电系统即单相供配电系统,供电电压为 220V,供电线路由一根相线(火线)和一根零线构成。

农村家用照明供配电系统有两种结构形式:一种是由柱上单相变压器上直接引出单相 220V 供家庭用电使用;另一种是由柱上变压器输出三相四线式 380V 动力用电,经变配电室后分别输出几组 220V 供电电压供家庭使用。

(1)由单相变压器直接引出的 220V 家用照明供配电系统

图 2-31 所示为柱上单相变压器直接引出的家用照明供配电系统结构示意图,该类结构形式一般用于距离电力变压器较近的农村家庭中,是比较常见的一种农村家庭供配电方式。

该供配电系统主要由单相电力变压器、接户线、家用照明配电箱(单相电能表)及室内照明配电线路(主要包括电源总开关、漏电保护器、照明线路、灯具、插座、开关)等构成。

(2)由变配电室引出的 220V 家用照明供配电系统

图 2-32 所示为经变配电室后输出 220V 的家庭供配电系统结构示意图。该系统中,首先由柱上变压器输出三相四线式 380V 动力用电,然后再经变配电箱(或变配电室)后输出 220V 单相电,广泛用于规模较大的农村中。

这种方式要求平均分配家庭供电,避免出现分配比例不均衡的情况,以免出现某一相因电量过大(过流)引起变配电设备负载不平衡而断电保护。这种供电方式由于有各自的配电系统,若一路出现故障,其他供电线路仍然可以正常工作。

2. 农田排灌动力供配电系统

农田是农村进行农业生产生活中的关键部分,农户在进行农田管理时,经常会使用到排灌

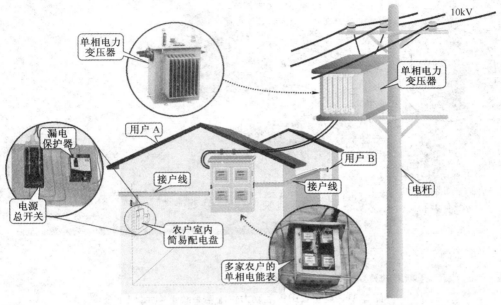

图 2-31　柱上单相变压器直接引出的家用照明供配电系统结构示意图

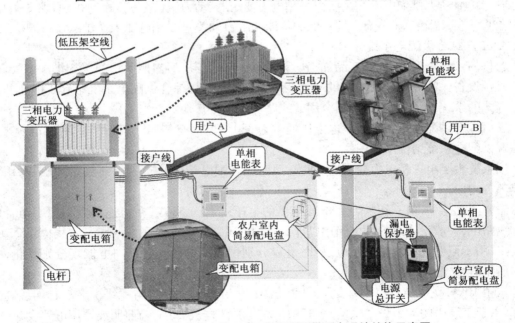

图 2-32　由变配电室引出的 220V 家用照明供配电系统结构示意图

设备,如水泵、离心泵、潜水泵等,因此,农田排灌供配电系统构成了农村供配电系统中不可缺少的一部分。

农田排灌供配电系统基本都采用 380V 三相供电系统(三相三线制),一般称为动力供配电系统,图 2-33 所示为典型农田排灌动力供配电系统结构示意图。

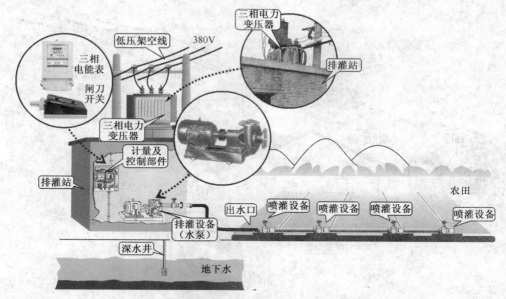

图 2-33　典型农田排灌动力供配电系统结构示意图

　　农田排灌动力供配电系统主要由三相电力变压器、动力线（多为三相四线制，即 3 条相线，1 条零线）、电源总开关（多为带熔断保护功能的闸刀开关）、三相电能表及排灌设备等构成。

3. 工厂综合供配电系统

　　农村的一些小型工厂、农产品加工厂、养殖场等，除了厂房内照明用的单相供配电外，一些加工机械设备大都需要三相动力供配电，因此可以说，工厂综合供配电系统结合了前述两种供配电方式的系统，属于动力与照明合用的线路。

　　工厂综合供配电系统中的供电电压通常为 380/220V（三相四线制），图 2-34 所示为典型工厂综合供配电系统结构示意图。

　　该系统主要由三相电力变压器、动力/照明综合配电箱（电能表、总断路器）及各种用电设备等部分构成。

　　需要注意的是，由三相电力变压器输出的电压一般为 380V，在上述动力与照明结合的供配电线路中，一般设置总的配电箱用以计量总用电量，将 380V 中的任一相与零线构成 220V 供电线路，用于照明或家用电器供电，此时可以分别用三相电能表和单向电能表分别计量，如图 2-35 所示。

　　三相 10kV 高压经三相电力变压器降压输出三相 380V 电压，与零线构成三相四线制配电系统，用于工厂中的动力设备供电，用其中一相与零线构成 220V 为照明或家用电器设备供电。

2.2.2　农村供配电系统中的主要组成部件

　　在农村的供配电系统中，一些用电量比较大、居住比较集中的村庄多采用变配电室（或变配电箱）进行供配电；居住较分散的村庄，通常采用各种供配电装置配合使用构成供配电系统。

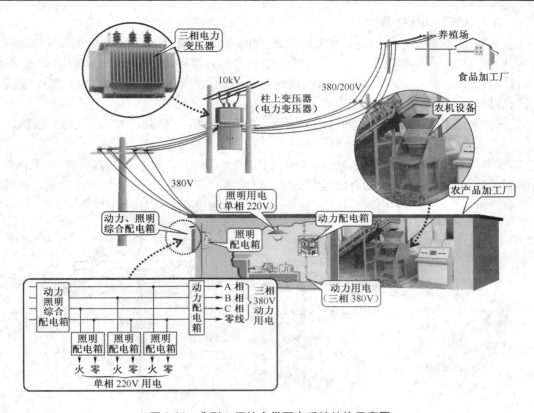

图 2-34　典型工厂综合供配电系统结构示意图

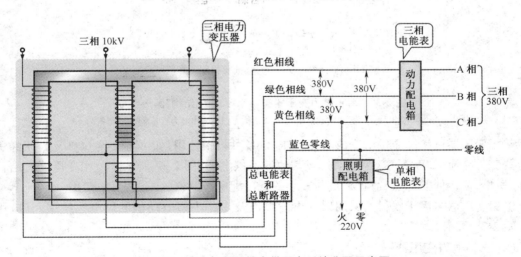

图 2-35　动力与照明综合供配电系统分配示意图

不管采用哪种形式,常用的组成部件主要有电力变压器、电能表、电流互感器、电压互感器、控制部件、防护部件等,下面分别介绍农村供配电系统中的主要组成部件的功能特点。

1. 电力变压器的功能特点

电力变压器是供配电系统中实现电能输送、电压变换,满足不同电压等级负荷要求的核心器件。即将发电站发出的电升为高压,以减少在电力传输过程中的损失,便于长途输送电力;在农村用电的地方,电力变压器将高压电逐次降低,最后变成三相380V或单相220V交流电压,供农村中的各种用电设备和用户使用。

农村供配电系统中比较常见的电力变压器主要有单相电力变压器和三相电力变压器。

(1)单相电力变压器

单相电力变压器是一种初级绕组为单相绕组的变压器,图2-36所示为其实物外形、内部结构、图形符号。单相变压器的初级绕组和次级绕组均缠绕在铁心上,初级绕组为交流电压输入端,次级绕组为交流电压输出端。次级绕组的输出电压与线圈的匝数成正比。

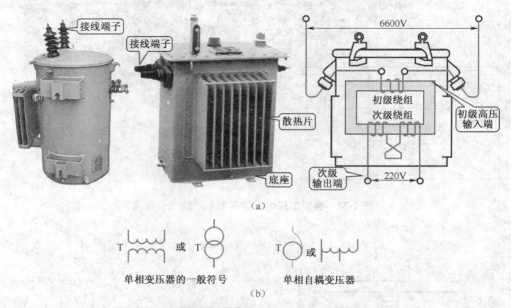

图2-36　单相电力变压器实物外形、内部结构、图形符号
(a)单相电力变压器的实物外形和内部结构　(b)单相电力变压器的图形符号

单相变压器可将高压供电变成单相低压,供各种设备使用,如可将交流6600V高压经单相变压器变为交流220V低压,为照明灯或其他设备供电,如图2-37所示。单相变压器有结构简单、体积小、损耗低等优点,适宜在负荷较小的低压配电线路(60Hz以下)中使用。

单相变压器多用于农村的家用照明供配电以及一些小型电动机的供电系统中,其应用实例如图2-38所示。

(2)三相电力变压器

图2-39所示为三相电力变压器的实物外形、内部结构及图形符号,三相变压器实际上是由3个相同容量的单相变压器组合而成,初级绕组(高压线圈)为三相,次级绕组(低压线圈)也为三相,比较常用的就是将交流高压(6.6kV以上)变为380V的交流低压。

三相变压器主要用于三相供电系统中的升压或降压,比较常用的就是将几千伏的高压变

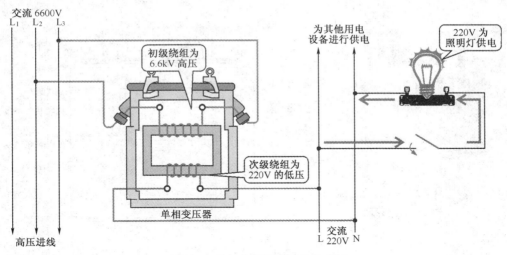

图 2-37　单相变压器的功能示意图

图 2-38　单相变压器的应用案例

为 380V 的低压为用电设备提供动力电源,如图 2-40 所示。

三相变压器的应用范围比较广泛,如农村变电所、变电站、工厂企业、排灌设备等动力供配电线路中,如图 2-41 所示。

2. 电能表的功能特点

电能表俗称电度表(或火表),它是一种电能计量仪表,主要用于测算或计量电路中电源输出或用电设备(负载)所消耗的电能。电能表种类多样,不同的结构原理,不同的应用目的,不同的使用环境,电能表的功能特点也不相同。

在农村供配电系统中,常见的电能表根据用电环境的不同,一般可以分为单相电能表和三相电能表。

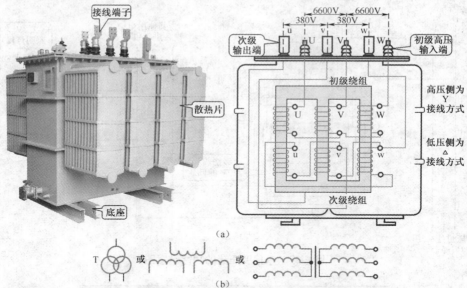

图 2-39　三相电力变压器的实物外形、内部结构、图形符号

（a）三相电力变压器的实物外形和内部结构　（b）三相电力变压器的常用图形符号

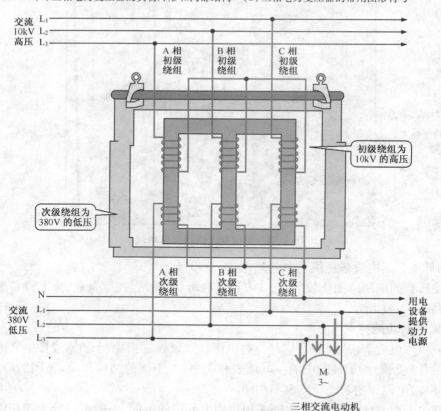

图 2-40　三相变压器的功能示意图

图 2-41　三相变压器的应用案例

（1）单相电能表

图 2-42 所示为典型单相电能表的实物外形，该类电能表主要用于民用有功电能的计量，这种电能表以千瓦时（kW·h）作为电能的计量单位。

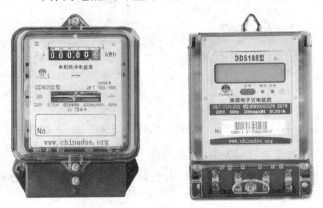

图 2-42　典型单相电能表的实物外形

图 2-43 所示为单相电能表在实际电力系统中的应用连接示意图。在农村，各家各户都安装有单相电能表，用以测算和计量家庭的用电情况，不仅便于家庭合理计算用电量，而且为地区整体核算并制定用电规划提供重要依据。

（2）三相电能表

根据三相电路接线形式的不同细分为三相三线电能表和三相四线电能表。图 2-44 所示为典型三相电能表的实物外形，该类电能表主要用于测量三相交流电路中电源输出或用电设备所消耗的电能。

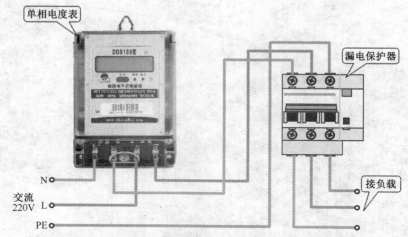

图 2-43 单相电能表在实际电力系统中的应用连接示意图

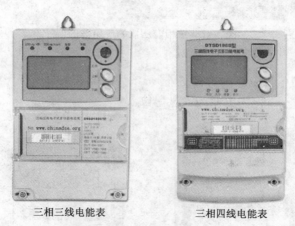

三相三线电能表　　　　三相四线电能表

图 2-44 典型三相电能表的实物外形(三相三线、三相四线)

图 2-45 所示为三相电能表在实际电力系统中的应用连接示意图。三相电能表既能显示累计耗电量,还能为企业及用户提供其他重要用电计量信息,如用户系统 1min 的平均功率,正向、反向累计耗电等。

电能表作为电路消耗的计量仪表,既能反应用电设备(负载)消耗功率的大小,还具有累计记录的能力。它在工农业生产和人民生活中都有着重要的意义。

3. 电流互感器和电压互感器的功能特点

电流互感器和电压互感器统称为互感器,实际上它们就是一种特殊的变压器。在农村的供配电系统中,它们的主要作用有:

一是把高电压和大电流交换为低电压和小电流,起到变换的功能,便于连接测量仪表和继电器。

二是可使仪表、继电器等设备与主线路绝缘,起到隔离的作用。

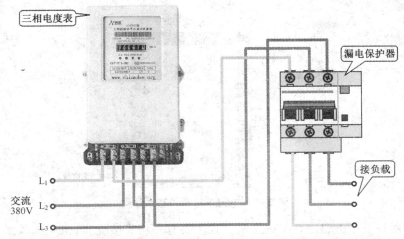

图 2-45　三相电能表在实际电力系统中的应用连接示意图

三是可扩大仪表、继电器等设备应用的范围,如一只量程为 5A 的电流表通过电流互感器就可测很大的电流,一只量程为 100V 的电压表通过电压互感器就可测很高的电压。电流互感器和电压互感器还可使仪表、继电器等设备的规格统一,利于批量生产。

（1）电流互感器（TA）

电流互感器是用来检测供配电线路流过电流的装置,它实质上是一种将大电流转换成小电流的变压器,二次绕组的额定电流一般为 5A,图 2-46 所示为电流互感器的实物外形图,图 2-47 所示为电流互感器的结构示意图。

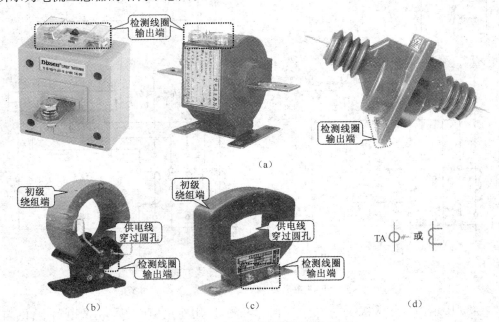

图 2-46　电流互感器的实物外形

（a）一体型电流互感器　（b）零序电流互感器　（c）适于扁形导体的电流互感器　（d）电流互感器图形符号和文字标识

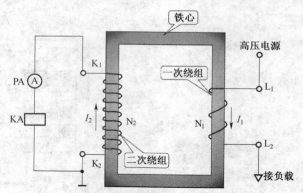

图 2-47　电流互感器的基本结构

　　电流互感器在三相电路中常见的接线方式主要有一相式接线、两相 V 形接线、两相电流差接线和三相 Y 形接线 4 种,如图 2-48 所示。

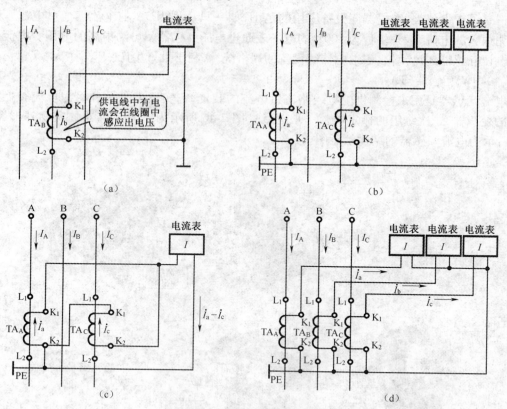

图 2-48　电流互感器的接线方式

(a)一相式　(b)两相 V 形　(c)两相电流差　(d)三相 Y 形

　　图 2-48a 所示为一相式接线方式。这种接线通常应用在三相负荷平衡的电路中,供测量电流或在继电保护中作为过负荷保护装置之用。

图 2-48b 所示为两相 V 形接线方式。这种接线方式广泛应用于中性点不接地的三相三线制电路中,供测量三个相电流、三相电功率、电能及作为过电流继电保护之用。公共线上的电流为 $I_a + I_c = -I_b$,它反映的正是未接电流互感器那一相的相电流。

图 2-48c 所示为两相电流差接线方式。这种接线方式适用于在中性点不接地的三相三线制电路中作过电流继电保护之用。

图 2-48d 所示为三相 Y 形接线方式。这种接线方式应用于三相四线制电路中,用于测量三相电流及作过电流继电保护之用。

（2）电压互感器（TV）

电压互感器是一种把高电压按比例关系变换成 100V 或更低等级的次级电压的变压器,通常与电流表或电压表配合使用,指示线路的电压值和电流值,供保护、计量、仪表装置使用。同时,使用电压互感器可以用低压电器设备指示高压线路的工作状态,安全性好。

图 2-49 所示为电压互感器实物外形及对应的图形符号和文字标识,图 2-50 所示为其结构示意图。

图 2-49　电压互感器实物外形及对应的图形符号和文字标识
（a）典型实物外形　　（b）电压互感器的图形符号和文字标识

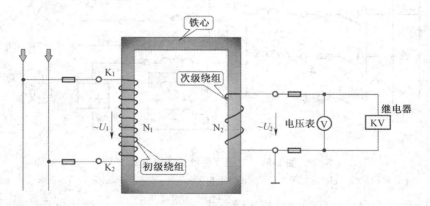

图 2-50　电压互感器的结构示意图

电压互感器的初级绕组匝数多,并联在供电电路中。次级绕组匝数少,常与仪表、继电器的电压线圈并联。电压互感器的接线方式主要有 4 种,如图 2-51 所示。

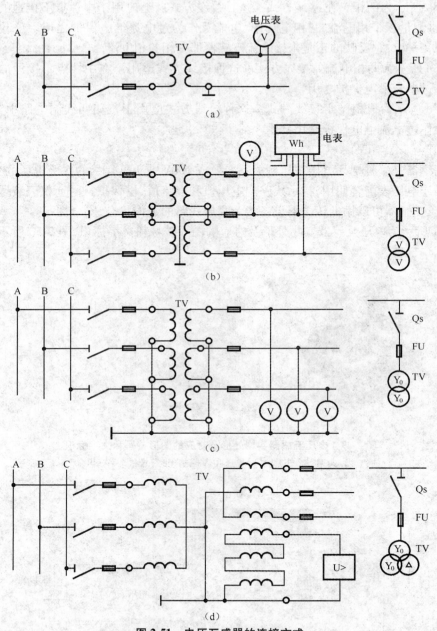

图 2-51　电压互感器的连接方式

（a）单相接线　（b）两相 V-V 接线　（c）三相 Y_0-Y_0 形接线　（d）三相 Y_0-Y_0-△形接线

图 2-51a 所示为电压互感器的单相接线方式，该线路用于给监视用电压表、电流表或继电器等提供电源。

图 2-51b 所示为两个单相电压互感器接成 V-V 形，用于给三相三线制线路监视用电压表、电流表或继电器等提供电源，它广泛地应用于 6~10kV 的高压配电装置中。

图 2-51c 所示为三个单相电压互感器接成 Y_0-Y_0 形,用于给三相三线制系统中的线电压和相电压中的监视用的电压表、电流表或继电器等提供电源。由于小电流接地系统在一次侧发生单相接地时,另外两相电压要升高到线电压,所以绝缘监视电压表应按线电压选择,否则在发生单相接地时,电压表可能会被烧毁。

图 2-51d 所示为三个单相三绕组电压互感器或一个三相五芯柱三绕组电压互感器接成 Y_0-Y_0-$\triangle$ 形(开口三角形),其接成 Y_0 的二次绕组与图 2-51c 相同。系统正常运行时,由于三个相电压对称,因此开口三角形两端的电压接近于零。当某一相接地时,开口三角形两端将出现近 100V 的零序电压,使电压继电器 KV 动作,发出单相接地短路信号。

4. 常用控制部件的功能特点

在农村供配电系统中,常用的控制部件主要有断路器、漏电保护器和闸刀开关等。

(1)断路器

低压断路器又称空气开关,主要用于接通或切断供电线路,且具有过载、短路或欠电压保护的功能,常用于不频繁接通和切断电路的环境中。图 2-52 所示为典型断路器的实物外形及对应的图形符号和文字标识。

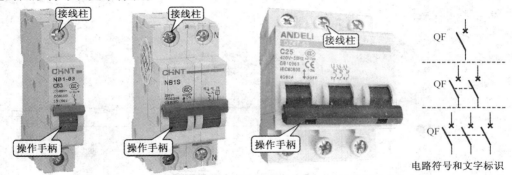

图 2-52　典型断路器的实物外形及对应的图形符号和文字标识

断路器是由塑料外壳、操作手柄、接线柱等构成,通常用作电动机及照明系统的控制开关、供电线路的保护开关等。

(2)漏电保护器

漏电保护器又称为漏电保护开关,实际上是一种具有漏电保护功能的开关,图 2-53 为其实物外形。

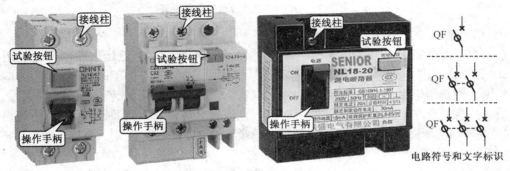

图 2-53　漏电保护器的实物外形

农村供配电系统中的总断路器一般选用该类断路器,其由试验按钮、操作手柄、漏电指示等几个部分构成,这种开关具有漏电、触电、过载、短路的保护功能,对防止触电伤亡事故、避免因漏电而引起的人身触电或火灾事故具有明显的效果。

漏电保护器的工作原理如图 2-54 所示,电路中的电源供电线穿过零序电流互感器的环形铁心,零序电流互感器的输出端与漏电脱扣器相连接,在被保护电路工作正常没有发生漏电或触电的情况下,通过零序电流互感器的电流向量和等于零,这样零序电流互感器的输出端无输出,漏电保护器不动作,系统保持正常供电。当负载或用电设备发生漏电或有人触电时,由于漏电电流的存在,使供电电流大于返回电流,通过零序电流互感器两路电流的向量和不再等于零,在铁心中出现了交变磁通。在交变磁通的作用下,零序电流互感器的输出端就有感应电流产生,当达到额定值时,脱扣器自动跳闸,切断故障电路,从而实现保护。

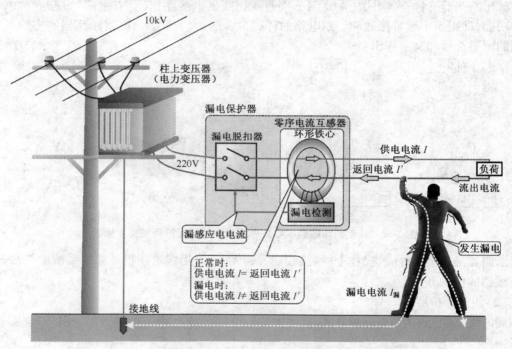

图 2-54　漏电保护器的漏电保护原理

（3）熔断器

在农村供配电系统中,常常使用的熔断器主要指低压熔断器。低压熔断器广泛应用于低压 500V 以下的电路中,作为电力线路、电动机等的过载及短路保护。图 2-55 所示为典型熔断器的外形。在选用熔断器的供电系统中,配置应符合选择性的原则,配置的数量应尽量少。

值得注意的是,在农村低压供配电系统中,不允许在 PE（保护零线）或 N（零线）上装设熔断器,以免熔断器熔断而使零线断开,如果此时保护接零的设备外壳带电,对人身安全会有伤害。

（4）开启式负荷开关

开启式负荷开关俗称闸刀开关,在农村供配电系统中常作为电源总控制开关使用,其主要

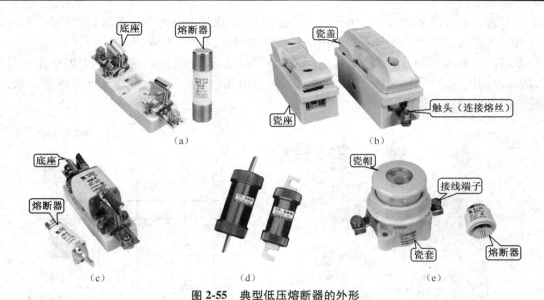

图 2-55　典型低压熔断器的外形

（a）快速熔断器　（b）瓷插入式熔断器　（c）有填料封闭管式熔断器　（d）无填料封闭管式熔断器　（e）螺旋式熔断器

作用是在带负荷状态下可以接通或切断电路,通常作为电气照明回路控制、农用机械供电控制或农田排灌设备等中的配电开关使用。

常见开启式负荷低压开关的实物外形及对应的图形符号和文字标识如图 2-56 所示。

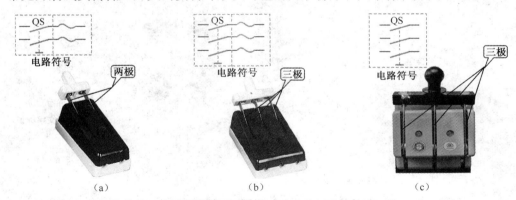

图 2-56　常见开启式负荷低压开关的实物外形及对应的图形符号和文字标识

（a）两极开启式负荷开关(带熔断器)　（b）三极开启式负荷开关(带熔断器)　（c）三极开启式负荷开关

5. 其他常用部件的功能特点

（1）电力电容

高压补偿电容器是一种耐高压的大型金属壳电容器,它有三个端子,其内有三个电容器(制成一体),分别接到三相电源上,与负载并联,用以补偿相位延迟的无效功率,提高供电效率,图 2-57 所示为高压补偿电容的实物外形、图形符号及线路连接。

（2）避雷器

避雷器是在供电系统受到雷击时的快速放电装置,从而可以保护变配电设备免受瞬间过电压的危害。避雷器通常用于带电导线与地之间,与被保护的变配电设备呈并联状态。

　　常见的避雷器实物外形及对应的图形符号和文字标识如图 2-58 所示。

　　在高压供配电线路工作时,当过电压值达到规定的动作电压时,避雷器立即动作进行放电,从而限制供电设备的过电压幅值,保护设备;当电压值正常后,避雷器又迅速恢复原状,以保证变配电系统正常供电。

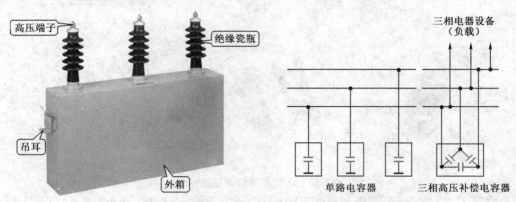

图 2-57　高压补偿电容的实物外形、图形符号及线路连接

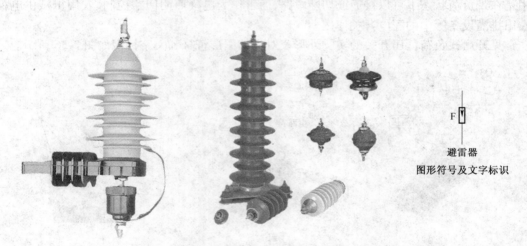

图 2-58　常见的避雷器实物外形及对应的图形符号和文字标识

第3章 农村电工的工具仪表使用技能

3.1 农村电工加工工具的使用技能

在农村电工操作中常会使用到一些加工工具,而电工加工工具的种类较多,常用的主要有电工刀、钢丝钳、偏口钳、尖嘴钳和剥线钳等。

3.1.1 电工刀的使用方法

电工刀是用于剥削导线和切割物体的加工工具。主要有折叠式和收缩式两种类型,都是由刀柄和刀片两部分组成的,且刀片一般可以收缩至刀柄中,如图 3-1 所示。两种电工刀之间只是样式不同,但其功能相同。

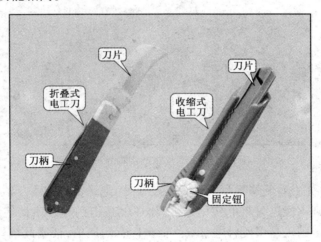

图 3-1 电工刀的实物外形

在使用电工刀剥削导线绝缘层时,需用手握住电工刀的手柄,将刀片以 45°角切入导线绝缘层,如图 3-2 所示。

使用电工刀进行加工操作后,要将电工刀的刀片收入刀柄中,以免对自己或他人的安全带来伤害。

3.1.2 钢丝钳的使用方法

钢丝钳又称老虎钳。主要用于线缆的剪切、绝缘层的剥削、线芯的弯折、螺母的松动和紧固等,主要由钳头和钳柄两部分组成,如图 3-3 所示。钢丝钳的钳头主要由钳口、齿口、刀口和铡口构成,钳柄处由绝缘套构成。

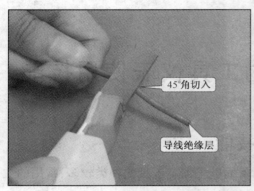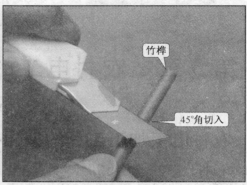

图 3-2　电工刀的使用方法

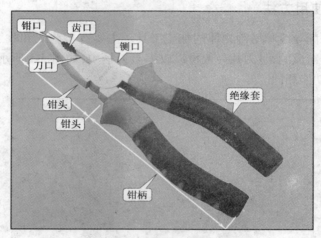

图 3-3　钢丝钳的实物外形

使用钢丝钳时应先查看绝缘手柄上是否有破损处,绝缘手柄的耐压值是否符合工作环境。若绝缘手柄有破损,则不能进行带电使用;若工作环境超出钢丝钳钳柄绝缘套的耐压范围,也不能进行带电使用,否则极易引发触电事故。如未标有耐压值,证明此钢丝钳不可带电进行作业,钢丝钳的耐压值通常标注在绝缘套上,如图 3-4 所示。该图中的钢丝钳耐压值为"1000V",表明可以在"1000V"电压值内进行耐压工作。

钢丝钳一般采用右手操作,钳口可以用于弯绞导线,齿口可以用于紧固或松开螺母,刀口可以用于修剪导线以及拔取铁钉,铡口可以用于铡切较细的导线或金属丝,如图 3-5 所示。使用时钢丝钳的钳口朝内,便于控制钳切的部位。

3.1.3　偏口钳的使用方法

偏口钳又称斜口钳。主要用于线缆绝缘皮的剥削或线缆的剪切操作,如图 3-6 所示。偏口钳的钳头部位为偏斜式的刀口,可以贴近导线或金属的根部进行切割。比较常见的偏口钳按照尺寸进行划分,可以分为"4 寸"、"5 寸"、"6 寸"、"7 寸"、"8 寸"5 个尺寸。

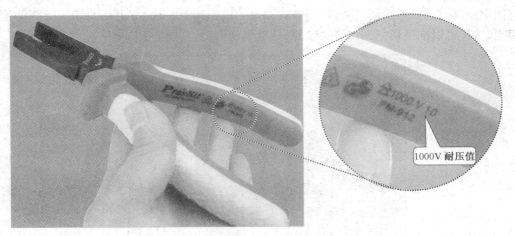

图 3-4　钢丝钳钳柄上的耐压值

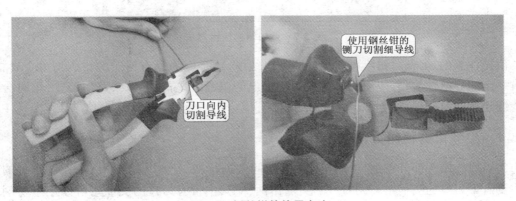

图 3-5　钢丝钳的使用方法

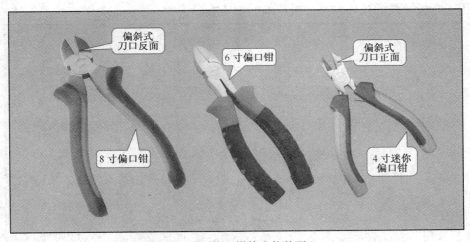

图 3-6　偏口钳的实物外形

　　使用偏口钳进行导线切割时,将偏斜式刀口的正面朝上,反面靠近需要切割导线的位置进行切割,这样可以准确切割到位,防止切割位置出现偏差,如图3-7所示。

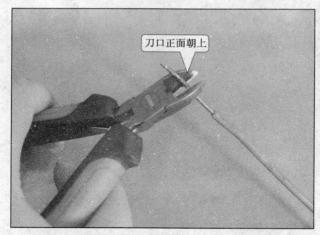

图3-7　偏口钳的使用方法

　　值得注意的是,偏口钳不可切割双股带电线缆,这是因为所有钳子的钳头均为金属材质,具有一定的导电性能,若使用偏口钳去切割带电的双股线缆,会导致线路短路,严重时会导致该线缆连接的设备损坏。

3.1.4　尖嘴钳的使用方法

　　尖嘴钳的钳头部分较细,可以在较小的空间中进行加工操作,如图3-8所示。常见的尖嘴钳主要有带刀口的尖嘴钳和无刀口的尖嘴钳两种,其中带有刀口的尖嘴钳可以用于切割较细的导线、剥离导线的塑料绝缘层、将单股导线接头弯环以及夹捏较细的物体等;无刀口的尖嘴钳只能用于弯折导线的接头以及夹捏较细的物体等。

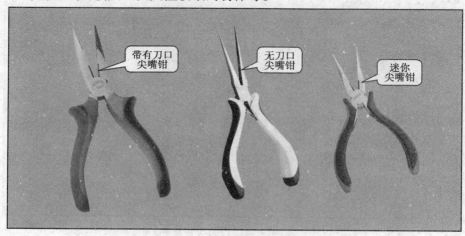

图3-8　尖嘴钳的实物外形

使用尖嘴钳对导线进行加工操作,用手握住钳柄,可以使用钳头上的刀口修整导线,使用钳口夹住导线的接线端子进行调整,如图 3-9 所示。

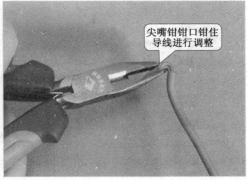

图 3-9　尖嘴钳的使用方法

由于尖嘴钳的钳头较尖,所以不可以用其夹捏或切割较大的物体,这样会导致钳口裂开或钳刃崩口;也不可以将钳柄当作锤子使用或者敲击钳柄,这样会导致尖嘴钳手柄的绝缘层破损或折断。

3.1.5　剥线钳的使用方法

剥线钳主要是用来剥除线缆的绝缘层,在电工操作中常使用的剥线钳可以分为压接式剥线钳和自动剥线钳两种,如图 3-10 所示。压接式剥线钳的钳口上有不同型号线缆的剥线口,一般分为 0.5~4.5mm 数个切口。自动剥线钳的钳头部分分为左右两端,一端的钳口为平滑端,用于卡紧导线;另一端的钳口有 0.5~3mm 的多个切口,用于切割和剥落导线的绝缘层。

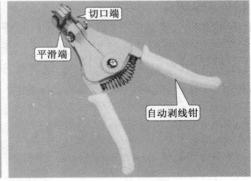

图 3-10　剥线钳的实物外形

使用剥线钳进行剥线操作时,先根据导线选择合适尺寸的切口,然后将导线放入该切口中,按下剥线钳的钳柄,即可将绝缘层割断,再次紧按手柄时,钳口分开加大,切口端将绝缘层与导线芯分离,如图 3-11 所示。

需要注意的是,在使用剥线钳时,要根据导线的规格合理地选择剥线钳的切口。当切口选择

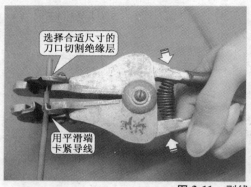
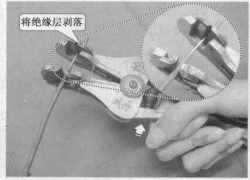

图 3-11   剥线钳的使用方法

过小时,会导致导线芯与绝缘层一同割断;当切口选择过大时,会导致线芯与绝缘层无法分离。

3.2   农村电工检测工具的使用技能

电工进行安装和维修作业时,经常需要使用检测工具对其用电线路和电气设备进行测试。最常用的检测工具主要有验电笔、万用表、钳型表等。

3.2.1   验电笔的使用方法

验电笔又称验电器。用来检查导线和电气设备是否带电,是电工作业时不可缺少的验电工具,根据测试电压的不同可分为低压验电笔和高压验电笔两种。

1. 低压验电笔

低压验电笔是用来检测低压导体和电气设备是否带电的检测工具,其测量的电压范围为60V~500V,外形小巧,便于携带。低压验电笔又可分为低压氖管验电笔与低压电子验电笔。

(1)低压氖管验电笔的使用方法

低压氖管验电笔是由金属探头、电阻、氖管、尾部金属部分以及弹簧等构成,如图3-12所示。在检测220V电源插座是否带电时,手握低压氖管验电笔外部绝缘部分,大拇指按住尾部的金属部分,将其金属探头插入220V电源插座的火线孔中。正常时,可以看到低压氖管验电笔中的氖管发亮光,此时说明该电源插座带电。

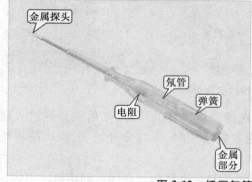
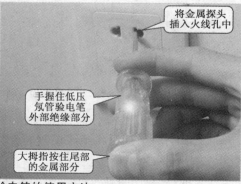

图 3-12   低压氖管验电笔的使用方法

　　值得注意的是,在使用低压氖管验电笔前需检查是否损坏。为了确保安全,可在有电线路上测试验电笔是否良好,同时还应注意,在检测中手禁止接触验电笔的前端金属部位,以免造成触电事故。

　　(2)低压电子验电笔的使用方法

　　低压电子验电笔是由金属探头、指示灯、显示屏、按钮等构成,如图 3-13 所示。在检测 220V 电源插座是否带电时,握住电子验电笔的外部绝缘部分,按下"直测按钮",将其插入 220V 电源插座的火线孔中。正常时,可以看到低压电子验电笔的显示屏上显示测量的电压,同时指示灯亮,此时说明该电源插座带电。

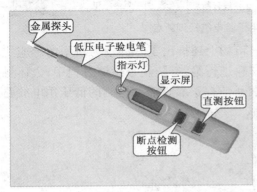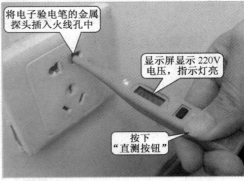

图 3-13　低压电子验电笔的使用方法

　　低压电子验电笔与低压氖管验电笔不同的是,当线路中带电时,将低压氖管验电笔插入 220V 电源插座的零线孔中低压氖管验电笔的氖管不亮;将低压电子验电笔插入 220V 电源插座的零线孔中时,指示灯亮,但显示屏上无显示,如图 3-14 所示。

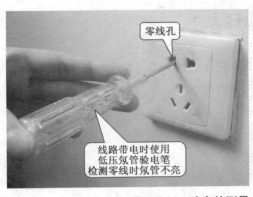

图 3-14　验电笔测量 220V 零线的检测结果

　　除此之外,低压电子验电笔还可用于检测导线是否存在断点,检测时先将需要检测的导线接入带电的火线中(需断电操作),然后按下低压电子验电笔的"断点检测按钮",将金属探头靠近导线,当显示屏上出现"↯"时,说明该段导线正常;当显示屏上无显示时,说明该段导线有断点,其检测方法如图 3-15 所示。

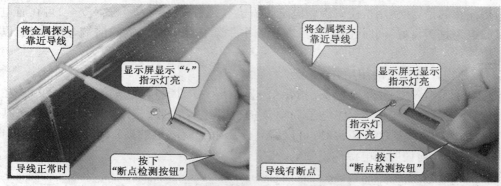

图 3-15　使用低压电子验电笔检测断点

　　除了低压氖管验电笔和低压电子验电笔外,市场上还推出了一种较为新型的感应式低压验电笔。该验电笔采用感应探头,并使用绝缘材料进行绝缘,防止在检测过程中,人体触摸金属探头导致伤害,如图 3-16 所示。检测时只需将感应探头靠近需要检测的低压用电线路或电气设备即可。

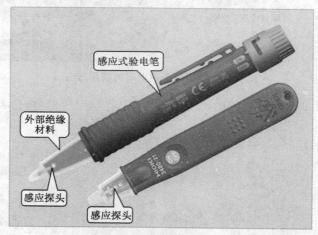

图 3-16　感应式验电笔

2. 高压验电笔

　　高压验电笔是用来检测电压在 500V 以上的高压导体和电气设备是否带电的工具。目前使用较多的高压验电笔有接触式高压验电笔和感应式高压验电笔。

　　(1)接触式高压验电笔的使用方法

　　接触式高压验电笔是由手柄、护环、指示灯、金属探头构成的,如图 3-17 所示。在检测电压 500V 以上高压线路或设备是否带电时,电工需佩戴绝缘手套握住接触式高压验电笔的手柄,再将接触式高压验电笔的金属探头接触待测高压线缆,正常时,指示灯亮,此时说明该线路带电。当接触式高压验电笔的手柄长度不够时,可以使用绝缘物体延长手柄,且在检测中不可以将手越过护环。

　　(2)感应式高压验电笔的使用方法

感应式高压验电笔是由手柄、感应测试端、开关按钮、指示灯和扬声器构成的,如图 3-18 所示。在检测电压 500V 以上高压线路或设备是否带电时,需根据高压线缆的电压将开关挡位调节到足以启动感应式高压验电笔动作的挡位,然后使用感应部位靠近高压线缆,正常时,指示灯亮,同时扬声器发出报警声。

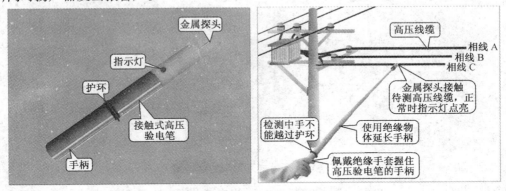

图 3-17　接触式高压验电笔的结构和使用方法

图 3-18　感应式高压验电笔的结构和使用方法

值得注意的是,感应式高压验电笔距离高压线缆越近,启动电压越低;距离高压线缆越远,启动电压越高。

3.2.2　万用表的使用方法

万用表是电工操作中常使用的一种检测工具,多用来检测直流电流、交流电流、直流电压、交流电压以及电阻值等。目前市场上常用的万用表主要有指针式万用表和数字式万用表。

1. 指针式万用表的使用方法

指针式万用表又称为模拟式万用表,它是利用表头指针指示测量的数值。该万用表的响应速度较快,内阻较小,但测量精度较低,图 3-19 所示为典型指针式万用表的结构图,从图中可看出指针式万用表主要是由指针、刻度盘、功能旋钮、指针校正钮、零欧姆调节旋钮、表笔连接端、表笔等构成。

(1)指针式万用表检测前的准备操作

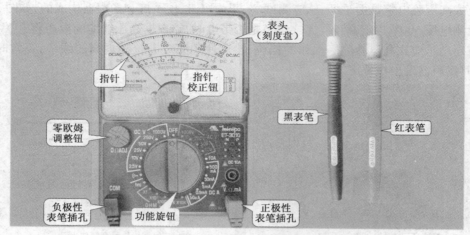

图3-19　指针式万用表的结构图

在使用指针式万用表进行检测前需要进行一些准备操作,如图3-20所示。将万用表的红表笔插在万用表(+)端,黑表笔插在万用表(COM)端,为了测量的准确性,在使用指针式万用表检测前还需对其进行机械调零。

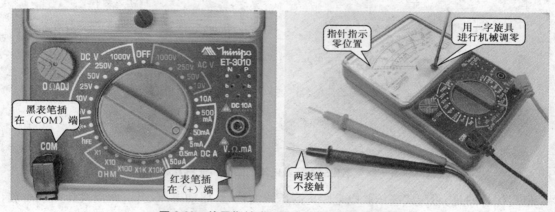

图3-20　使用指针式万用表检测前的准备操作

通常万用表有多个(+)端插孔,插接时应根据测量需要选择红表笔的插孔,同时在进行机械调零时,应在两表笔不接触的状态下,使用旋具调整指针万用表表盘下面的指针校正钮,使表的指针指向零。

(2)指针式万用表检测直流电流的方法

使用指针式万用表检测直流电流时,需要估测待测电路的电流范围,然后将万用表的量程调至大于估算的电流值的挡位,如3mA左右电流的待测电路,我们要将万用表量程调至直流电流5mA挡的位置,如图3-21所示,测量时将万用表的黑表笔搭接在待测直流电路的负极,红表笔搭接在待测直流电路的正极,此时指针式万用表的指针指向3mA位置。

值得注意的是,在使用指针式万用表检测直流电流时,若接触电路的瞬间指针迅速偏向右

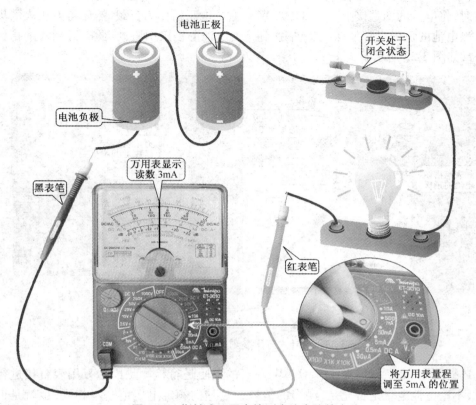

图 3-21　指针式万用表检测直流电流的方法

侧超过最大值,表明万用表的量程选择过小。

（3）指针式万用表测量电压的方法

①指针式万用表测量直流电压的方法。使用指针式万用表检测直流电压时,需要估测待测电路的电压范围,然后将万用表的量程调节至大于估算的电压值的挡位,如检测 4V 左右电压的电池(手机电池),需要将万用表的量程调至直流电压 10V 挡的位置,如图 3-22 所示。

图 3-22　将万用表的量程调整为直流 10V

测量时,将电池的两端接上一只82Ω/3W左右的电阻器作为负载,然后将万用表的黑表笔搭接在待测电池的负极引脚处,红表笔搭接到待测电池的正极引脚处,此时万用表的指针指向3.6V左右,如图3-23所示。

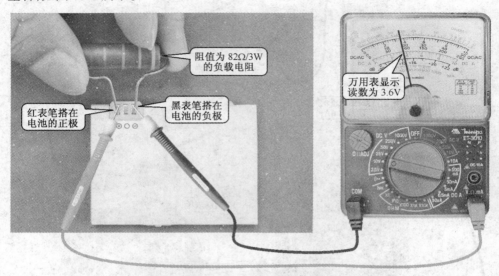

阻值为82Ω/3W的负载电阻

万用表显示读数为3.6V

红表笔搭在电池的正极

黑表笔搭在电池的负极

图3-23 指针式万用表测量直流电压的方法

在上述检测中,之所以借助于82Ω/3W左右的电阻进行检测是因为万用表直接进行电池的测量时,不论电池电量是否充足,测得的值都会与它的额定电压值基本相同,也就是说测量电池空载时的电压不能判断电池电量情况。电池电量耗尽,主要表现是电池内阻增加,而当接上负载电阻后,会有一个电压降,此时才能够测出正常的电压值。例如,一节5号干电池,电池空载时的电压为1.5V,但接上负载电阻后,电压降为0.5V,表明电池电量几乎耗尽。

②指针式万用表测量交流电压的方法。使用指针式万用表检测交流电压时,若待测电压已知,可直接将量程调整至大于待测电压值的挡位。如检测交流220V电压时,需要将其万用表的量程调至交流电压250V挡的位置,如图3-24所示。

调整量程为交流250V挡

图3-24 将万用表的量程调整为交流250V

下面我们以市电电压的检测方法为例进行介绍。将万用表的红黑表笔任意插接在插座的零线和火线孔中,此时万用表的指针指向 220V 左右,如图 3-25 所示。

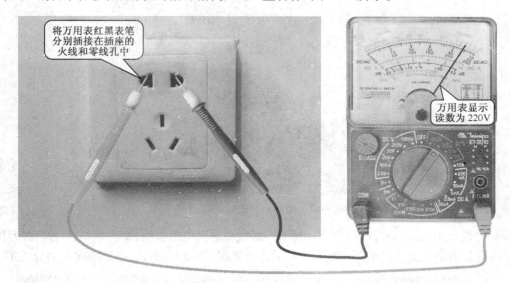

将万用表红黑表笔分别插接在插座的火线和零线孔中

万用表显示读数为 220V

图 3-25　指针式万用表测量交流电压的方法

(4)指针式万用表测量电阻的方法

使用指针式万用表检测电阻值时,需要估测待测器件的电阻值范围,然后将万用表的量程调节至大于估算的电阻值的挡位,如检测 2kΩ 左右交流接触器线圈时,需要将万用表的量程调至 1kΩ 挡,如图 3-26 所示。

调至"×1kΩ"

图 3-26　将万用表量程调整为 1kΩ 挡

使用指针式万用表检测电阻值时,选择量程后,需要进行零欧姆校正,即表笔短接,此时指针应指向 0 Ω,如不在 0 Ω 的位置,则需要使用零欧姆调整钮进行校正,使指针指向零,然后再进行检测,如图 3-27 所示。注意每换一次电阻挡的量程都需要重新进行一次零欧姆校正。

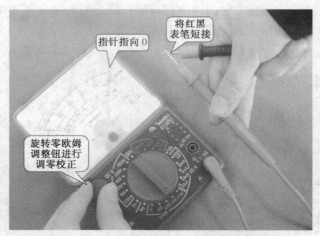

图 3-27　指针万用表的调零校正

零欧姆校正完成后,即可进行交流接触器内部线圈电阻值的检测,如图 3-28 所示。将万用表的红黑表笔分别搭在交流接触器内部线圈的两个引脚端,此时万用表的指针指向 1.7kΩ 左右。

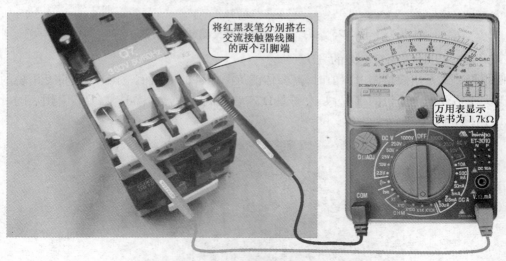

图 3-28　指针式万用表检测电阻值的方法

2. 数字式万用表的使用方法

数字式万用表是利用液晶显示屏显示测量数值的,它与指针式万用表相比,读数直观方便,测量精度高,但内阻较大。图 3-29 所示为典型数字式万用表的结构图,从图中可看出数字式万用表是由液晶显示屏、量程旋钮、表笔连接端、电源按键、峰值保持按键、背光灯按键、交/直流切换键等构成。

(1)数字式万用表检测前的准备操作

使用数字式万用表不需要进行调零校正,只要调整挡位后即可进行测量。在测量前,需要先将万用表的黑表笔插在万用表(COM)端,红表笔则要根据测量时的需要选择不同的插孔,如标有

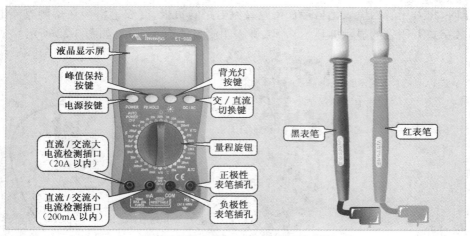

图 3-29　数字式万用表的外形及功能

"20A"的为大电流检测插孔；标有"mA"的为低于 200mA 电流检测插孔，此外也是测试附件和温度检测的负极输入端；标有"VΩHz ⊷"的为电阻、电压、频率和二极管检测插孔，如图 3-30 所示。

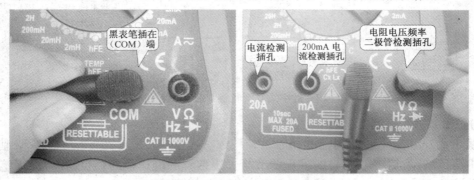

图 3-30　连接数字万用表的表笔

（2）数字式万用表检测直流电流的方法

数字式万用表测量直流电流的方法与指针式万用表相同，也需要预先估测出待测电流的范围，并将数字式万用表的量程调节至大于估算电流的挡位，如电流量为 5mA 左右的电路，我们要将量程调整为 20mA，然后将红表笔插入"mA"插孔，如图 3-31 所示。

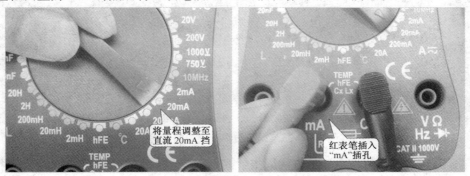

图 3-31　调节数字式万用表的量程

　　测量时,将万用表的黑表笔搭接在待测直流电路的负极,红表笔搭接在待测直流电路的正极,此时数字式万用表的显示屏显示 4.50,即表明测量值为 4.5mA,如图 3-32 所示。

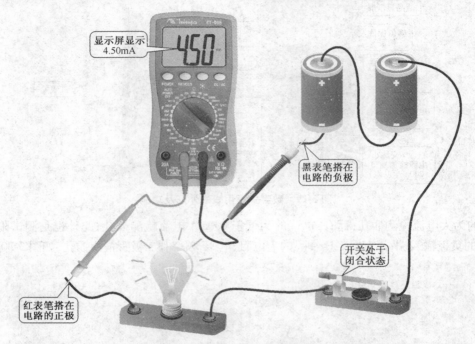

显示屏显示
4.50mA

黑表笔搭在
电路的负极

开关处于
闭合状态

红表笔搭在
电路的正极

图 3-32　数字式万用表测量直流电流的方法

(3)数字式万用表测量电压的方法

①数字式万用表测量直流电压的方法。使用数字式万用表检测直流电压时,需要估测待测电路的电压范围,然后将万用表的量程调节至大于估算的电压值的挡位,并将红表笔插接在"VΩHz ➔"端。如我们检测 5V 左右的电路电压,需要将万用表的量程调至直流 20V 挡,如图3-33 所示。

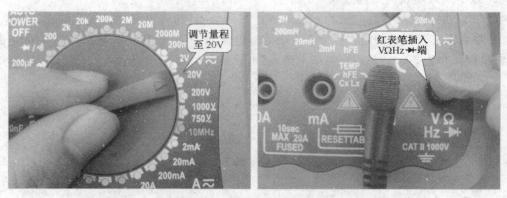

调节量程
至 20V

红表笔插入
VΩHz ➔端

图 3-33　调节数字万用表的量程

数字式万用表检测直流电压的方法同指针式万用表相同,可参照图 3-23 进行检测,即将万用表的黑表笔搭接在待测电池的负极引脚处,红表笔搭接到待测电池的正极引脚处,正常时数字式万用表的显示屏上显示 3.6V 的电压值,如图 3-34 所示。

②数字式万用表测量交流电压的方法。使用数字式万用表检测交流电压时,若待测电压已知,可直接将量程调节至大于待测电压值的挡位,如检测交流 220V 电压时,需要将其万用表的量程调至交流电压 750V 挡的位置,如图 3-35 所示。

数字式万用表检测交流电压的方法同指针式万用表相同,可参照图 3-25 进行检测,即将万用表的红黑表笔任意插接在插座的零线和火线孔中,正常时数字式万用表的显示屏上显示 220V 的电压值,如图 3-36 所示。

图 3-34　数字式万用表测量直流电压的方法

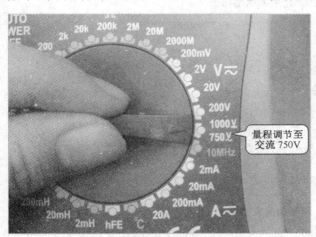

图 3-35　调节数字万用表的量程

图 3-36　数字式万用表测量交流电压的方法

3.2.3　钳形表的使用方法

钳形表主要是用于检测交流大电流的一种检测工具。在使用钳形表时,不需要断开电路即可直接进行检测。图 3-37 所示为典型钳形表的结构图,从图中可看出钳形表主要是由钳头、钳头扳机、HOLD 键(保持按钮)、功能旋钮、液晶显示屏、表笔插孔和红、黑表笔等构成。

1. 使用钳形表检测电流的方法

(1)钳形表检测电流前的准备工作

在使用钳形表检测电流时,需要估测待测电路的电流范围,然后调整钳形表的量程至大于估算电流值的挡位,如检测流经农村家庭配电箱内断路器的电流量时,应将挡位调至"ACA 200"挡,同时需将"HOLD 键"处于抬起状态,如图 3-38 所示。

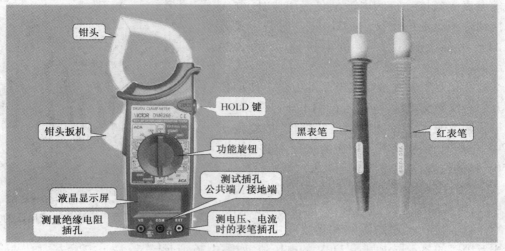

图 3-37　典型钳形表的结构图

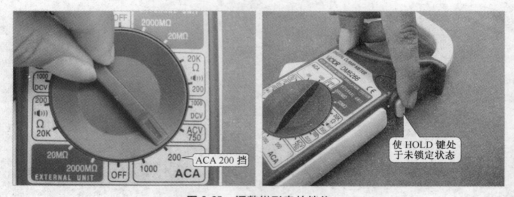

图 3-38　调整钳形表的挡位

"HOLD"键的作用是能够将测量到的数值保留在显示屏上,如在测量时因环境限制不能即时观察到测量的数值时,可以按下"HOLD 键"将检测数值保留住,待移出钳形表后再进行观测。

(2)钳形表检测电流的方法

使用钳形表检测电流时,按下钳形表上的钳头扳机,使钳形表的钳头钳住经断路器输出的红色火线,然后按下钳形表上的"HOLD 键",使检测到的数值保留,此时再次按住钳头扳机,使钳形表的钳口打开,将其从配电箱中取出,读取钳形表上的数值,如图 3-39 所示为 5.2A。

需要注意的是,有些线缆的火线和零线被包裹在一个绝缘皮中,从外观上感觉是一根电线,此时使用钳形表进行检测时,实际上是钳住了两根导线,这样无法测量出真实的电流量。

2. 使用钳形表检测电压的方法

(1)钳形表检测电压前的准备工作

使用钳形表检测电压时,若待测电压已知,可直接将量程调节至大于待测电压值的挡位,如检测交流 220V 市电电压时,需要将其钳形表的量程调至交流电压 750V 挡的位置,然后将黑表笔插入(COM)孔,红表笔插入钳形表的(VΩ)插孔,如图 3-40 所示。

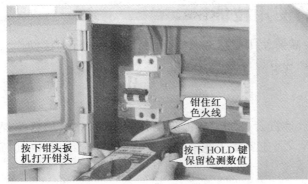

钳住红色火线

按下钳头扳机打开钳头

按下 HOLD 键保留检测数值

图 3-39　使用钳形表测量电流的方法

调节量程至交流 750V

红表笔插入 VΩ 插孔

黑表笔插入 COM 孔

图 3-40　调节量程并连接红黑表笔

（2）钳形表检测电压的方法

下面我们以市电电压的检测方法为例进行介绍。将钳形表的红黑表笔任意插接在插座的零线和火线孔中，此时钳形表的显示屏上显示 220V 电压值，如图 3-41 所示。

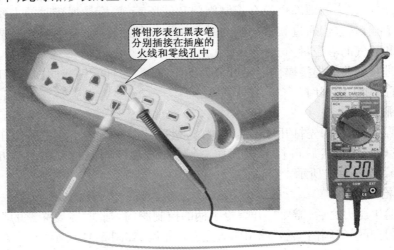

将钳形表红黑表笔分别插接在插座的火线和零线孔中

图 3-41　使用钳形表测量电压的方法

3.3　农村电工焊接工具的使用技能

电工进行安装和维修作业时,经常需要使用焊接工具对管路或设备进行焊接操作。在农村电工中最常用的焊接工具主要有气焊和电焊。

3.3.1　气焊工具的使用方法

气焊是一种利用可燃气体与助燃气体混合燃烧生成的火焰作为热源,将金属管路焊接在一起的焊接方法,如图 3-42 所示。气焊设备主要是由氧气瓶、燃气瓶和焊枪组成,燃气瓶和氧气瓶通过软管与焊枪进行连接。

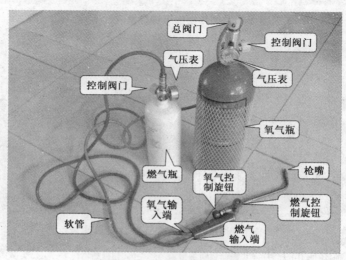

图 3-42　气焊设备的实物外形

从图中可看出氧气瓶上装有总阀门(通常位于氧气瓶的顶端)、控制阀门、气压表;燃气瓶内装有液化石油气,在它的顶部也设有控制阀门和气压表;焊枪是焊接时的主要工具,焊枪的手柄末端有两个端口,它们通过软管分别与燃气瓶和氧气瓶连接,在手柄处有两个旋钮,分别用来控制燃气和氧气的输送量。

气焊工具进行管路的焊接操作主要可分为 5 个步骤,即打开钢瓶阀门、打开焊枪阀门、调整火焰、焊接管路和关闭阀门。

1. 打开钢瓶阀门

在使用气焊工具之前,先打开氧气瓶总阀门,通过控制阀门调整氧气输出压力,使输出压力保持在0.3~0.5MPa,然后再打开燃气瓶总阀门,通过该阀门控制燃气输出压力保持在0.03~0.05MPa,如图 3-43 所示。

2. 打开焊枪阀门

在调节好输出压力之后,需要打开焊枪手柄的控制阀门。此时需要注意的是,一定要先打开氧气阀门,再打开燃气阀门,然后使用明火点燃焊枪嘴,如图 3-44 所示。

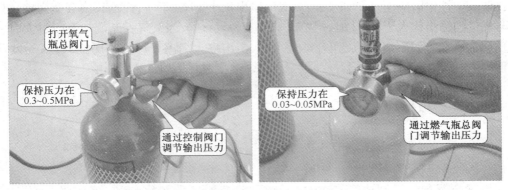

图 3-43　通过控制阀门调节输出压力

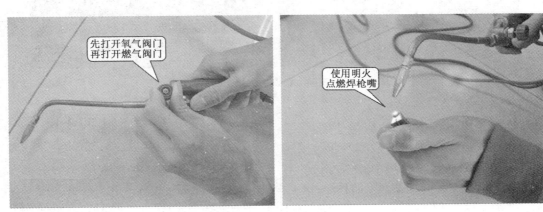

图 3-44　打开焊枪阀门并点燃

3. 调整火焰

在使用气焊设备对管路进行焊接时,气焊设备的火焰一定要调整到中性焰,这样才能进行焊接。中性焰焰长 20～30cm,其外焰呈橘红色,内焰呈蓝紫色,焰芯呈白亮色。在调节中性焰时,火焰不要离开焊枪嘴,也不要出现回火的现象,其正常的火焰如图 3-45 所示。

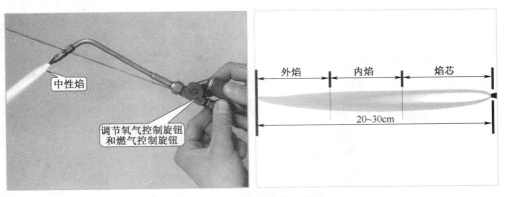

图 3-45　调节火焰为中性焰

在调节中性焰时应注意,当氧气与燃气的输出比小于 1∶1 时,焊枪火焰会变为碳化焰;当氧气与燃气的输出比大于 1∶2 时,焊枪火焰会变为氧化焰;当氧气控制旋钮开得过大时,焊枪会出现回火现象;若燃气控制旋钮开得过大时,会出现火焰离开焊嘴的现象,如图 3-46 所示。在调整火焰时,不要用这些火焰对管路进行焊接,这会对焊接质量造成影响。

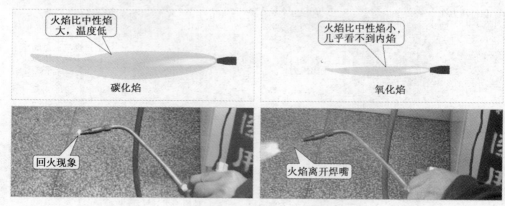

图 3-46　错误的火焰外形

4. 焊接管路

①在对管路进行焊接时,应先使用扩管工具将一根管路的焊口扩成喇叭状,然后将另一根管路插入喇叭口中,这种对接方式可以使焊接处更加牢固,如图 3-47 所示。

②对管路进行焊接时,将焊枪对准管路的焊口均匀加热,当管路被加热到一定程度呈暗红色时,把焊条放到焊口处,待焊条熔化并均匀地包围在两根管路的焊接处时即可将焊条取下,如图 3-48 所示。

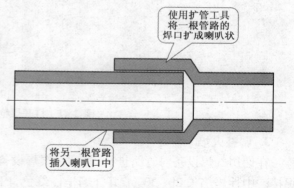

图 3-47　管路对接方式

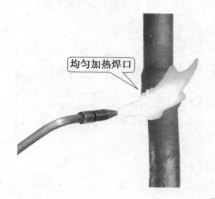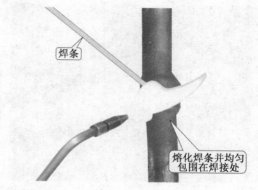

图 3-48　焊接管路

③至此管路便焊接完成了,如图 3-49 所示。

5. 关闭阀门

焊接完成后,先关闭焊枪的燃气阀门,再关闭氧气阀门,最后再将氧气瓶和燃气瓶的阀门关闭。

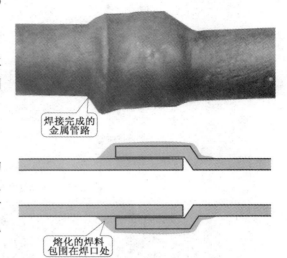

图 3-49　焊接完成的管路

3.3.2　电焊工具的使用方法

电焊是一种利用电能通过加热加压,借助金属原子的结合与扩散作用,使两件或两件以上的焊件(材料)牢固地连接在一起的焊接方法。电焊设备主要包括电焊机、电焊钳和电焊条。

电焊机是电焊设备中的主要工具,根据输出电压的不同,可以将其分为直流电焊机和交流电焊机,如图 3-50 所示。交流电焊机的电源是一种特殊的降压变压器,它具有结构简单、噪音低、价格便宜、使用可靠、维护方便等优点;直流电焊机的电源输出端有正、负极之分,焊接时电弧两端极性不变。

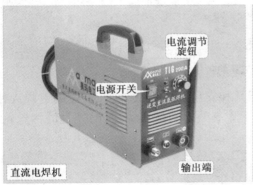

图 3-50　电焊机的实物外形

电焊钳和电焊条是电焊设备中的辅助工具,需要结合电焊机同时使用,如图 3-51 所示。从图中可看出电焊钳外形像一个钳子,其手柄通常是采用塑料或陶瓷进行制作,具有防护、防电击保护、耐高温、耐焊接飞溅以及耐跌落等多重保护功能;其夹子是采用铸造铜制作而成,主要是用来夹持或操纵电焊条。电焊条主要是由焊芯和药皮两部分构成的,其头部为引弧端,尾部有一段无涂层的裸焊芯,便于电焊钳夹持和利于导电;焊芯可作为填充金属实现对焊缝的填充连接,药皮具有助焊、保护、改善焊接工艺的作用。

在焊接工作过程中,为了人身安全,通常会使用到一些防护工具,例如防护面罩、防护手套、电焊服、防护眼镜以及绝缘橡胶鞋等,如图 3-52 所示。

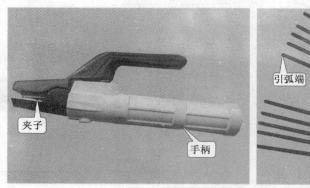
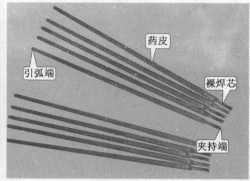

图 3-51   电焊钳和电焊条的实物外形

图 3-52   防护工具的实物外形

　　除了上述介绍的一些电焊设备中的主要工具和安全防护工具外,在实际的电焊焊接过程中经常还会使用到一些焊缝处理工具,例如用于除渣处理的敲渣锤、打磨处理的钢丝轮刷、清洁处理的焊缝抛光机等,如图 3-53 所示。

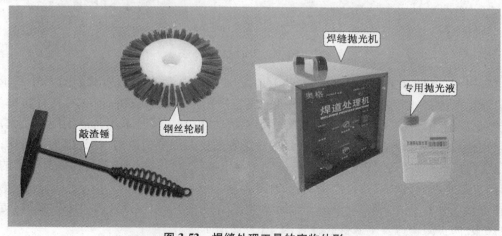

图 3-53   焊缝处理工具的实物外形

　　电焊工具进行焊件的焊接操作主要可分为 7 个步骤,即电焊设备的连接、焊件的连接、电焊机参数的调节、引弧操作、运条操作、灭弧操作和焊接完成处理操作。

1. 电焊设备的连接

　　①在使用电焊工具进行焊接作业时,需要对其焊接工具进行连接,如图 3-54 所示。将电焊钳通过电焊钳连接线缆与电焊机上的电焊钳连接孔进行连接(通常带有标识),接地夹通过接地夹连接线缆与电焊机上的接地夹连接孔进行连接,然后将焊件放置到焊剂垫上,再将接地夹夹至焊件的一端,最后使用电焊钳夹住焊条的夹持端。

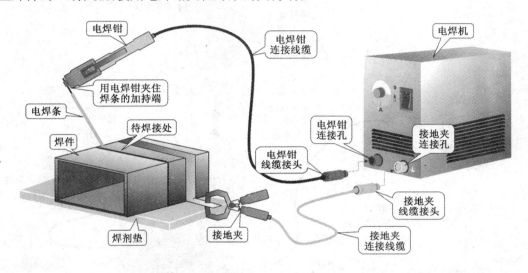

图 3-54　连接电焊钳与接地夹

　　②将焊接工具连接好后,需要将电焊机的外壳进行保护性接地或接零,如图 3-55 所示。将铜管或无缝钢管接地棒埋入地下,其深度应当大于 1m,接地棒电阻应当小于 4Ω,埋入后使用一根接地线将电焊机的外壳接地端与接地棒连接。

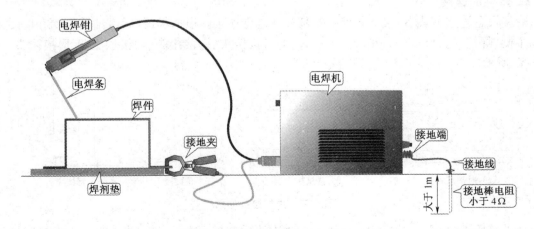

图 3-55　电焊机与接地棒连接

③连接好接地棒后,再将电焊机与配电箱通过电源线进行连接,电源线的长度应保证在2~3m之间,如图 3-56 所示。在配电箱中应当设有过载保护装置以及闸刀开关等,可以对电焊机的供电进行单独控制。

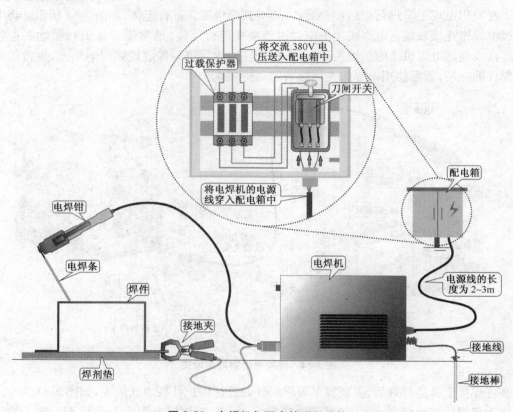

图 3-56　电焊机与配电箱进行连接

2. 焊件的连接

焊接设备连接完成后,接下来就要对其焊件进行连接。根据焊件厚度、结构形状和使用条件的不同,焊接接头可以分为 4 种基本形式,即对接接头、搭接接头、角接接头、T 形接接头,如图 3-57 所示。

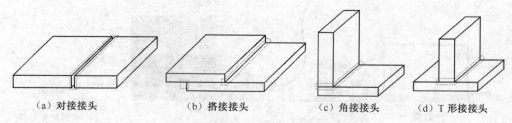

（a）对接接头　　　　（b）搭接接头　　　　（c）角接接头　　　（d）T 形接接头

图 3-57　焊接接头形式

在上述四种焊接接头形式中,对接接头受力比较均匀,使用最多,重要的受力焊缝应尽量选用该种接头形式。为了焊接方便,在对对接接头形式的焊件进行焊接前,需要对两个焊件的接口进行加工,如图 3-58 所示。对于较薄的焊件需将接口加工成 I 型或单边 V 型,进行单层焊接;对于较厚的焊件需将接口加工成 V 型、U 型或 X 型,以便进行多层焊接。

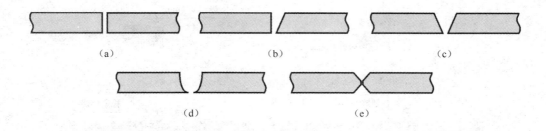

图 3-58　对接接口的选择
(a)I 型接口　(b)单边 V 型接口　(c)V 型接口　(d)U 型接口　(e)X 型接口

3. 电焊机参数的调节

进行焊接时,应先将配电箱内的开关闭合,再打开电焊机的电源开关。操作人员在拉合配电箱中的电源开关时,必须佩戴绝缘手套。选择输出电流时,应根据焊条的直径、焊件的厚度、焊缝的位置等进行调节。焊接过程中不能调节电流,以免损坏电焊机,并且在调节电流时,旋转速度不能过快过猛。

焊接电流是手工电弧焊中最重要的参数,它主要受焊条直径、焊接位置、焊件厚度以及焊接人员的技术水平影响。焊条直径越大,熔化焊条所需热量越多,所需焊接电流就越大。每种直径的焊条都有一个合适的焊接电流范围,见表 3-1 所示。在其他焊接条件相同的情况下,平焊位置可选择偏大的焊接电流,横焊、立焊、仰焊的焊接电流应减少 10%~20%。

表 3-1　焊条直径与焊接电流范围

焊条直径(mm)	1.6	2.0	2.5	3.2	4.0	5.0	5.8
焊接电流(A)	25~40	40~65	50~80	100~130	160~210	220~270	260~300

如果焊接电流设置太小,电弧不易引出,燃烧不稳定,弧声变弱,焊缝表面呈圆形,高度增大,熔深减小;如果设置的焊接电流太大,焊接时弧声强,飞溅增多,焊条往往变得红热,焊缝表面变尖,熔池变宽,熔深增加,焊薄板时易烧穿。

值得注意的是,电焊机工作负荷不应超出其铭牌规定,即在允许的负载值下持续工作,不得任意长时间超载运行。当电焊机温度超过 60℃~80℃ 时,应停机降温后再进行焊接。

4. 引弧操作

引弧操作是指引起焊条燃烧来进行焊接工作的操作,引弧的方法可分为划擦法和敲击法两种,如图 3-59 所示。划擦法是将焊条靠近焊件,然后将焊条像划火柴似的在焊件表面轻轻划擦,引燃电弧,然后迅速将焊条提起 2~4mm,并使之稳定燃烧;敲击法是将焊条末端对准焊件,然后手腕下弯,使焊条轻微碰一下焊件,再迅速将焊条提起 2~4mm,引燃电弧后手腕放平,使电弧保持稳定燃烧。

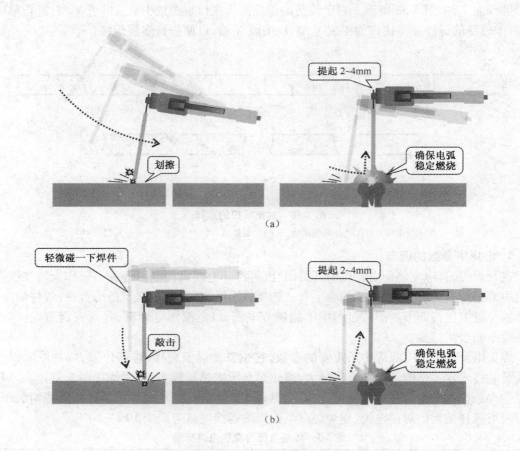

图 3-59   引弧的操作方法

(a) 划擦法   (b) 敲击法

值得注意的是,在进行引弧操作时,焊条与焊件接触后提升速度要适当,太快难以引弧,太慢则焊条和焊件会因电磁力而粘在一起,这时可横向左右摆动焊条,便可使焊条脱离焊件。

5. 运条操作

刚开始焊接时,由于焊接起点处温度较低,引弧后可先将电弧稍微拉长,对起点处预热,然后再适当缩短电弧进行正式焊接。焊接时,需要匀速推动电焊条,使焊件的焊接部位与电焊条充分熔化、混合,形成牢固的焊缝,如图 3-60 所示。焊条的移动可分为 3 种基本形式:沿焊条中心线向熔池送进、沿焊接方向移动、焊条横向摆动。焊条移动时,应向前进方向倾斜 10°～20°,并根据焊缝大小横向摆动焊条。

在对较厚的焊件进行焊接时,为了获得较宽的焊缝,焊条应沿焊缝横向做规律摆动。如图 3-61 所示,根据摆动规律的不同,通常有以下运动方式:

①直线式:常用于 I 形坡口的对接平焊,多层焊的第一层焊道或多层多道焊的第一层焊。

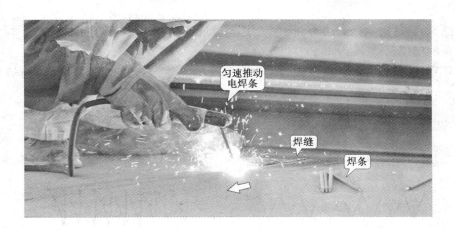

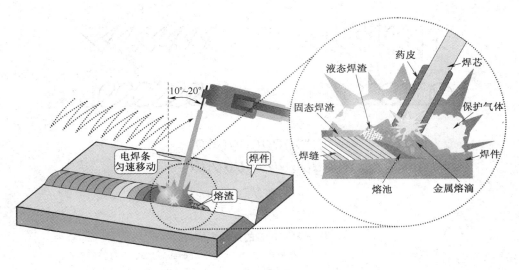

图 3-60　焊条移动方式

②直线往复式:焊接速度快、焊缝窄、散热快,适用于薄焊件或接头间隙较大的多层焊的第一道焊道。

③锯齿式:焊条做锯齿形连续摆动,并在两边稍停片刻,这种方法容易掌握,生产应用较多。

④月牙式:这种运条方法的熔池存在时间长,易于熔渣和气体析出,焊缝质量高。

⑤正三角式:这种方法一次能焊出较厚的焊缝断面,不易夹渣,生产率高,适用于开坡口的对接焊缝。

⑥斜三角式:这种运条方法能够借助焊条的摆动来控制熔化金属,促使焊缝成型良好,适用于 T 形接头的平焊和仰焊以及开有坡口的横焊。

⑦正圆圈式:这种方法熔池存在时间长,温度高,便于熔渣上浮和气体析出,一般只用于较厚焊件的平焊。

⑧斜圆圈式:这种运条方法有利于控制熔池金属不外流,适用于 T 形接头的平焊和仰焊以及对接接头的横焊。

⑨"8"字式:这种方法能保证焊缝边缘得到充分加热,熔化均匀,适用于带有坡口的厚焊件焊接。

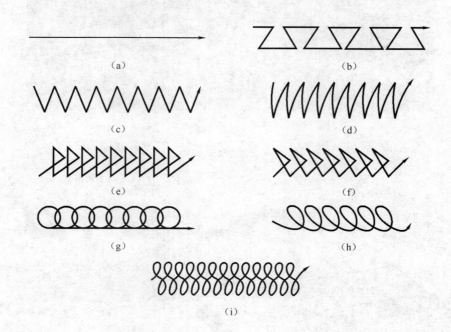

图 3-61　焊条的摆动方式

(a)直线式　(b)直线往复式　(c)锯齿式　(d)月牙式　(e)正三角式　(f)斜三角式
(g)正圆圈式　(h)斜圆圈式　(i)"8"字式

值得注意的是,在焊接过程中,焊条沿焊接方向移动的速度要适中,速度过快会造成焊缝变窄,高低不平,形成未焊透、熔合不良等缺陷;速度过慢则会造成热量输入多,热影响区变宽,接头晶粒组过大,力学性能降低,焊接变形加大等缺陷。

6. 灭弧操作

所谓灭弧就是一条焊缝焊接结束时需要做的收弧操作,通常有画圈法、反复断弧法和回焊法,如图 3-62 所示。其中,画圈法是在焊条移至焊道终点时,利用手腕动作使焊条尾端做圆圈运动,直到填满弧坑后再拉断电弧,此法适用于较厚焊件的收尾;反复断弧法是反复在弧坑处熄弧、引弧多次,直至填满弧坑,此法适用于较薄的焊件和大电流焊接;回焊法是焊条移至焊道收尾处即停止,但不熄弧,改变焊条角度后向回焊接一段距离,待填满弧坑后再慢慢拉断电弧。

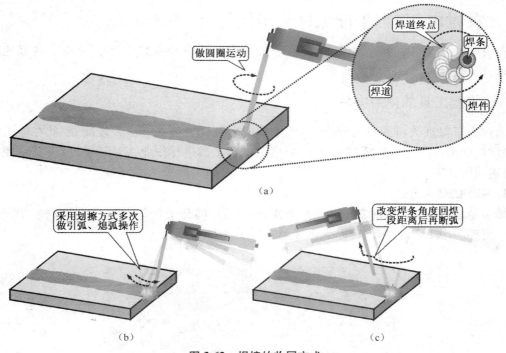

图 3-62　焊接的收尾方式
(a)画圈法　(b)反复断弧法　(c)回焊法

7. 焊件完成后的操作处理

焊接操作完成后,应先断开电焊机电源,再放置焊接工具,然后清理焊件以及焊接现场,在消除可能引发火灾的隐患后再断开总电源,离开焊接现场。

对于焊接完成的焊接部件,还需使用敲渣锤、钢丝轮刷和焊缝抛光机(处理机)等工具和设备对焊接部位进行清理,图 3-63 所示为使用焊缝抛光机清理焊缝的效果。该设备可以有效地去除毛刺,使焊接部件平整光滑。

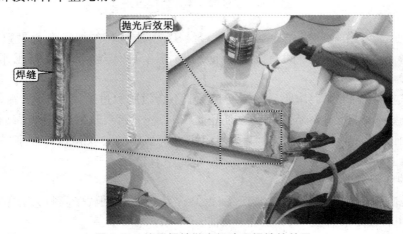

图 3-63　使用焊缝抛光机清理焊缝的效果

3.4　农村电工辅助工具的使用技能

在农村电工操作中,除了常用的加工工具、检测工具和焊接工具之外,还有一些其他的辅助工具,例如攀爬工具、防护工具等。

3.4.1　攀爬工具的使用方法

通常为了保证人身或设备安全,一些电力或电气设备的安装位置较高,因此在电工操作中,经常遇到高空作业的情况,此时就需要借助攀爬工具进行作业,常用的攀爬工具主要有梯子、踏板和脚扣等。

1. 梯子的使用方法

梯子是进行高空作业时常见的一种攀爬工具,常用的梯子有直梯和人字梯两种,如图 3-64 所示。直梯多用于户外攀高作业,人字梯则常用于户内作业。

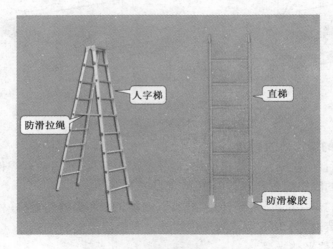

图 3-64　直梯和人字梯的实物外形

电工在使用梯子作业前应先检查梯子是否结实,木质材料的梯子有无裂痕和蛀虫,直梯两脚有无防滑材料,人字梯中间有无连接防自动滑开的安全绳,经检测正常后才可进行使用。

在高空作业时,为了扩大作业活动幅度和保证不会因用力过猛而站不稳,在使用梯子时对站姿是有一定要求的,如图 3-65 所示。在使用直梯时,一只脚要从另一只脚所站梯步高两步的梯空中穿过,前脚踏在后脚高一阶的梯步上;在使用人字梯时要双脚踩在人字梯上,不允许站立在人字梯最上面的两阶,不允许骑马式作业,以防滑开摔伤。

2. 踏板的使用方法

踏板也是电工常用的一种攀爬工具,踏板又称登板、升降板、登高板,由绳和板两部分组成,主要用于电杆的攀爬作业中,其实物外形如图 3-66 所示。

梯子的安放位置应与带电体保持足够的安全距离

一只脚要从另一只脚所站梯步高两步的梯空中穿过

前脚踏在后脚高一阶的梯步上

直梯与地面夹角为 60°~75°

（a）

双脚踩在人字梯上

（b）

图 3-65　梯子的使用方法

（a）直梯的使用方法　（b）人字梯的使用方法

踏板作为攀爬工具，由于有一定的危险性，所以对其尺寸、材质以及工艺等都有一定的要求，如图 3-67 所示。踏板的大小以符合人体脚底大小为宜，不可过大或过小；踏板绳的高度与电工身高相近即可；踏板的材质多采用坚硬的木质结构，不可使用金属代替；踏板的中间设有防滑带，以免踩踏时出现打滑的危险。

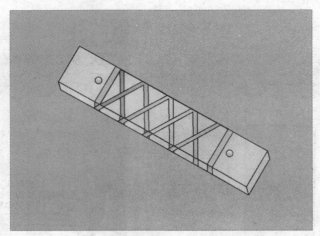

图 3-66　常用踏板的实物外形

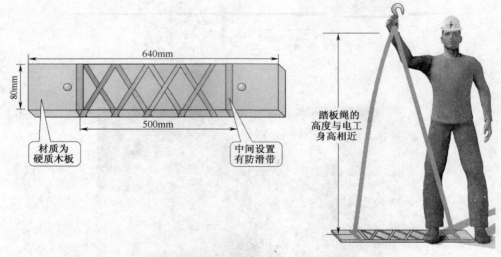

图 3-67　踏板的制作规范

　　电工在使用踏板前应先检查踏板有无裂纹、腐蚀,检验踏板和绳能否承受人的冲击力,经检查均正常后才可进行使用。在使用绳扣挂钩时必须采用正钩方式,即钩口朝上,且电工安装人员在踏板上作业的站姿也应按照图 3-68 所示的姿势站立。

　　3. 脚扣的使用方法

　　脚扣又叫铁脚,也是电工攀爬电杆所用的专用工具,主要由弧形扣环和脚套组成,如图 3-69 所示。常用的脚扣有木杆脚扣和水泥杆脚扣两种,其中木杆脚扣的扣环上有铁齿,用以咬住木杆;水泥杆脚扣的扣环上裹有橡胶,以便增大摩擦力,防止打滑。

　　电工在使用脚扣前应对其进行人体冲击试验,同时检查脚扣皮带是否牢固可靠,是否磨损或被腐蚀,经检查均正常后才可进行使用。在使用时,要根据电杆的大小规格选择合适的脚扣,使用脚扣的每一步都要保证扣环完整套入,扣牢电杆后方能移动身体的着力点,如图 3-70 所示。

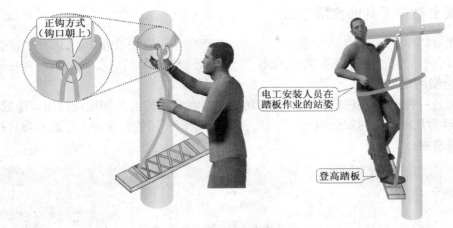

图 3-68　踏板的使用方法

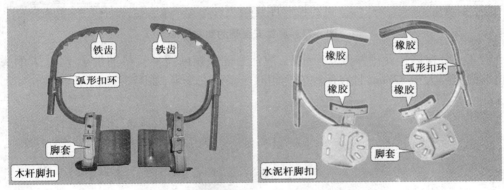

图 3-69　木杆脚扣和水泥杆脚扣的实物外形

图 3-70　脚扣的使用方法

　　值得注意的是,水泥杆脚扣可用于攀登木电杆,但木杆脚扣不能用于攀登水泥电杆,且在雨雪天气最好不要使用脚扣进行高空作业。

3.4.2 安全防护工具的使用方法

电工在进行作业时,经常会接触交流电或者在高空等危险的地方作业,因此常常会用到一些防护工具,例如安全帽、绝缘手套、绝缘鞋、绝缘胶带、安全带等。

1. 安全帽的使用方法

安全帽是一种头部防护工具,主要用来防止高空有坠物撞击头部以及挤压等造成的伤害,图 3-71 所示为几种常用的安全帽实物外形。电工可根据不同的作业环境以及内容选择不同防护功能的安全帽。

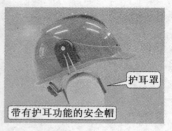

图 3-71 典型安全帽的实物外形

电工在安装检修作业中佩戴安全帽时,应注意确保帽内缓冲衬垫的带子牢固,人的头顶与帽内顶部的间隔大于 32mm,且在佩戴安全帽时应系好安全带,如图 3-72 所示。

图 3-72 安全帽的穿戴方法

值得注意的是,电工所佩戴的安全帽不能为金属材质的安全帽,且不能将安全帽当坐垫用,以防变形,降低防护作用;当发现帽子有龟裂、下凹、裂痕和磨损等情况时,应立即进行更换。

2. 绝缘手套和绝缘鞋的使用方法

绝缘手套和绝缘鞋作为辅助安全用具,能够起到防电的作用,二者都是由橡胶制成,如图 3-73 所示。绝缘手套可作为电工低压工作的基本安全用具,其长度至少应超过手腕 10cm,以保护手腕和手;绝缘鞋可作为防护跨步电压的基本安全用具,在选择绝缘鞋时需要注意其防护等级,防护等级可根据其闪电标志或耐电压数选择,分别有 5000V、6000V 以及 20kV 高压等耐电压数。

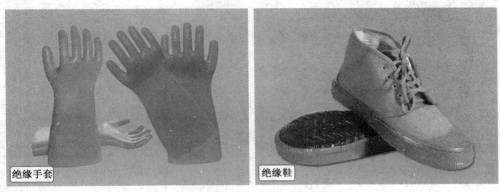

图 3-73　绝缘手套和绝缘鞋的实物外形

电工使用绝缘手套和绝缘鞋之前必须做好检查工作(如充气检验),若发现有破损情况则不能使用。电工在穿戴绝缘手套或绝缘鞋时,不要将手腕或脚腕等裸露出来,防止在作业时,裸露部位触电或其他有害物质伤害皮肤,如图 3-74 所示。

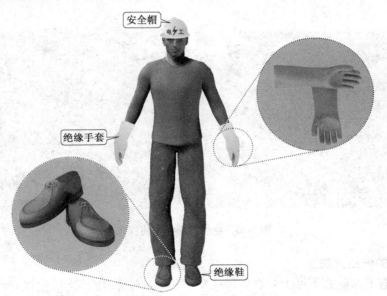

图 3-74　绝缘手套和绝缘鞋的穿戴方法

3. 绝缘胶带的使用方法

绝缘胶带主要用于防止漏电,具有使用方便、无残胶、良好的绝缘耐压、阻燃等特性,适用于电线连接、电线电缆缠绕、绝缘保护等功能。在农村电工中,常用的绝缘胶带主要有电力绝缘胶带、防水绝缘胶带和防漏绝缘胶带等,如图 3-75 所示。

使用绝缘胶带时,将绝缘胶带拉长,从距裸露线芯两根带宽的位置开始,以"一"字接法进

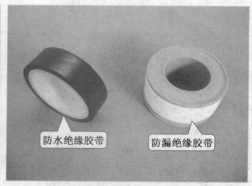

图 3-75　绝缘胶带的实物外形

行连接,并依着顺时针将切断绝缘层的导线紧紧裹住并粘贴牢固,胶带交叠的宽度以 1/2 带宽为佳,可以最大限度保证防潮、防锈、防漏电,结束裹扎时也应从距裸露线芯两根带宽的位置结束,如图 3-76 所示。

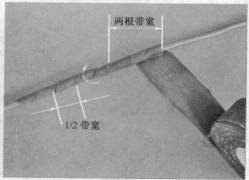

图 3-76　绝缘胶带的使用规范

4. 安全带的使用方法

安全带是电工作业必不可少的登高攀爬防护用具,它是由腰带、保险绳、保险绳扣和围杆带等组成,如图 3-77 所示。它是一种防坠落的防护用品,常用于保护高空作业人员,防止坠落事故发生。

电工使用安全带之前必须做好检查工作,如检查安全带缝制部位和挂钩部分,当发现断裂或磨损时,要及时修理或更换。在使用安全带时,腰带最好系在胯部以提高支撑力;围杆带要挂在不低于电工所处水平位置的固定点上;保险绳扣应扣在作业者的上方位置,以便在坠落时减小冲击力,如图 3-78 所示。

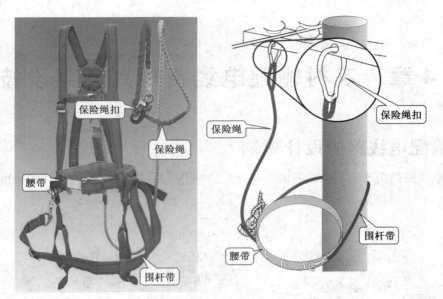

图 3-77　安全带的实物外形

图 3-78　安全带的使用规范

第4章　农村输配电线路规划与架设技能

4.1　输配电线路的设计规划

输配电线路指用于实现电能的输送和分配的电力线路,图4-1所示为农村输配电线路结构示意图。

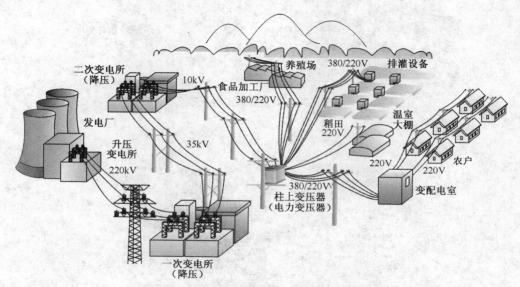

图 4-1　农村输配电线路结构示意图

大型发电厂的发电机直接与升压变电所中的升压变压器相连,将电压升到220kV进行远距离传输,高压220kV首先经过一次变电所进行降压,降压后的35kV电压进入二次变电所,经二次变电所降压后的电压为10kV左右,然后将10kV电压送往降压变压器进行降压(柱上变压器),降压后变为动力和照明380V/220V电压,再送往农村各种用电场所和设备。

在输配电系统中,我们将3.6kV以上的输配电部分(3.6kV、10kV、35kV、66kV及110kV的配电网)称为高压输配电线路,1kV以下(10kV、1kV、380/220V)的输配电线路称为低压输配电线路。在农村输配电系统中,主要是10kV以下的输配电线路,这里我们将重点介绍低压输配电线路的设计规划。

4.1.1　输配电线路的设计规划原则

农村输配电线路是农村电气化和农业现代化建设的基础设施。输配电线路的设计规划也是农村电气化和农业现代化规划、电力发展规划的重要组成部分。

由于农村地理环境的多样性和复杂性,使得不同区域和地理条件下的农村输配电线路受气候、地形、地貌、用电负荷等多种条件的影响,其具体的设计规划相对比较复杂,规划设计是否合理将直接影响当地农村经济的发展和建设,因此农村输配电线路的设计规划必须严格按照一定的原则和标准进行。

1. 农村输配电线路设计规划的基本原则

①因地制宜、合理规划。对于农村输配电线路的设计和规划,应本着因地制宜的原则,从多方面综合考虑各种因素,合理确定输配电线路的电压等级、接线方式和配置方案,结合实际用电情况,做出安全、合格、可靠的设计规划方案。

②统一规划、留有余地。对输配电线路设计规划应按照统一规划的原则,尽量减少线路重复建设。另外,应根据实际情况,在线路的规划和设计中留出余量,使电网具有足够的供电能力,至少应能满足 5 年内供电区域内各类用户负荷增长的需要。

③安全可靠、运行管理简单。设计规划方案应本着安全可靠的原则,优先采用新技术和性能完备、运行可靠的设备,确保电网安全、经济高效。

④节约土地,少占农田。农村输配电网设计与规划应符合环境保护的总要求,尽量节约土地,少占农田。

⑤严格执行、符合标准。农村输配电线路的设计规划应严格执行国家和行业有关设计、施工、验收等技术规程和规范。

2. 农村输配电线路的设计规划的基本步骤和要求

(1)拟定输配电线路路径

初步路径方案是输配电线路进行规划设计的第一步,一般需要综合考虑和分析当地的地理、气候以及文化等因素的影响,整体规划和设计初步的施工方案,拟定初步的施工路径。

一般输送低压电能的线路称为低压架空线路。低压架空线路在地面上所经过的地带叫做线路路径。由于农村中的地面环境较复杂,合理选择线路的架设路径,是高效率、高质量施工的前提。选择路径时,首先要根据初步拟定的路径方案进行现场勘探,并与有关部门联系协调,然后再正式测量定位,最后确定具体的线路路径以及线杆的埋设地点、距离等数据。图 4-2 所示为某地区农村低压架空线路路径选择示意图。

选择农村低压架空线路路径时,一般应综合考虑以下几点:

- 线路起始点至终点的距离应尽量做到最短,转角也应尽量少。
- 路径应选在交通较便利的地方,以便于线路的施工架设和维护。
- 应避免穿过村庄的建筑物。
- 线路应尽可能不穿越高山、河流、沼泽地、果树林以及林木等生长密集的地区。
- 不要架设在用于存放或制造易燃、易爆等危险品场所的附近。
- 线路中线杆的位置应避开易被车辆碰撞的地方,可能受到冲刷的河床、河岸,可能被雨水或山洪冲刷的山坡上,以及易积水或水淹的洼地等。

(2)预测用电负荷

用电负荷计算是农村输配电线路设计规划中的重中之重,其计算是否准确直接关系到规划的质量。

计算用电负荷首先需要进行用电负载的详细调查,全面统计输配电线路所涉及区域内的

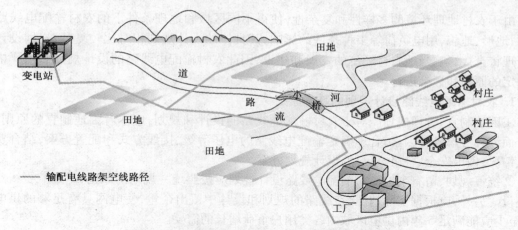

图4-2 某地区农村低压架空线路路径选择示意图

乡镇企业、电力排灌、农副产品加工、日常生活等各个方面的用电总容量。一般由于统计内的各种用电设备不可能在同一时间全部使用,因此实际用电总量会小于统计用电总量,可将以往几年的用电总量数据作为参照和重要预测依据,估算平均值,进行计算。

常用的负荷年用电量预测方法有很多种,如比例系数法、弹性系数法、单耗法、数学分析法等,具体计算方法和公式可参照国家有关电网负荷计算规则文件。

总之,用电负荷计算涉及范围十分广泛,资料的收集、整理、归纳和总结都要求十分细致和缜密,选择的计算方法也适宜多种预测方法结合的方式进行预测,将多种方法预测结果互相校核,并经具有相关丰富经验的专家进行评估等方式,来确定最终估算的用电负荷总量,为输配电线路规划设计起到指导性作用。

(3)确定输配电线路的供电电源

农村电力网系统主要有两种供电方式,一是农村自建小型发电厂,另一种是电力系统输送的供电方式。农村小型发电厂主要有小型水电站、柴油发电机组、小型火电厂、风力发电站、沼气发电站、地热发电站等;电力系统供电主要是在城市的附近或大功率电力系统经过的地方,农村电力用户往往直接从大功率电力系统获取电。因此,在进行输配电线路设计规划时,应根据实际情况首先确定和合理选择农村输配电线路的供电电源。

(4)确定电压等级与供电半径

农村输配电线路一般为6~10kV电压配电;若属于大功率电力系统配电,则也可采用35/0.4kV电力变压器直接配电。不同的配电电压等级不同,其供电半径也不同。

各级电压的输电功率和配电半径之间的关系见表4-1。

表4-1 各级电压的输电功率和配电半径之间的关系

电压等级	输电功率和配电半径						
10kV 输配电线路	负荷密度（kW/km²）	10	15	20	30	50	100 及以上	注:表中斜线下的数字适用于 110/10kV 变压方式的 10kV 电网
	10kV 电网合理供电半径(km)	11/15	10/13	9/12	8/11	7/10	5/7	

续表 4-1

电压等级	输电功率和配电半径						
380V 三相低压配电网合理供电半径	村镇用电设备容量密度（kW/km²）		<200	200~400	400~1000	>1000	注:用电设备容量密度等于供电区用电设备额定容量总和与供电区（村、镇）面积之比
	380V 三相低压配电网合理供电半径（km）	平原	0.7~1.0	<0.7	<0.5	<0.4	
		山区	0.8~1.5	<0.7	<0.5	—	
440V/220V 单相低压配电网合理供电半径	村镇用电设备容量密度（kW/km²）		50	200	300	500	1000	注:用电设备容量密度等于供电区用电设备额定容量总和与供电区（村、镇）面积之比
	440V/220V 单相低压配电网合理供电半径（km）	平原	0.9	0.6	0.5	0.4	<0.4	
		山区	0.8~1.5	<0.7	—	<0.5		

（5）明确输配电线路的接线方式

农村输配电线路的接线方式有多种,不同电压等级的输配电线路接线方式也不同,在进行设计规划时,需要明确采用什么类型的接线方式。

根据《国家电网公司技术标准管理办法》规定,由 2010 年 11 月批准并已开始实施的《农网建设与改造技术导则》(Q/GDW462—2010)中,已对农村高、低压输配电线路的接线方式做出说明。

①10(20)kV 输配电线路的接线方式。10(20)kV 输配电线路的接线方式主要有单环网接线方式和双射接线方式两种,如图 4-3 所示。

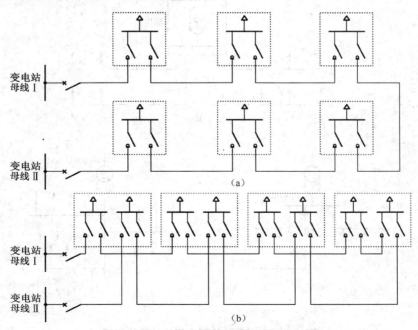

图 4-3　10(20)kV 输配电线路的接线方式

（a）单环网接线方式　（b）双射接线方式

● 单环网接线方式：自同一供电区域两座变电站的中压母线（或一座变电站的不同中压母线）或两座开关站的中压母线（或一座开关站的不同中压母线）或不同方向电源的两座变电站馈出单回线路构成单环网，开环运行（见图4-3a所示）。

● 双射接线方式：自一座变电站或开关站的不同中压母线引出双回路线路，形成双射接线方式；或自同一供电区域的不同变电站引出双回线路，形成双射接线方式（见图4-3b所示）。

②380/220V输配电线路的接线方式。380/220V输配电线路的接线方式主要有电缆接线方式和单电源辐射接线方式，如图4-4所示。

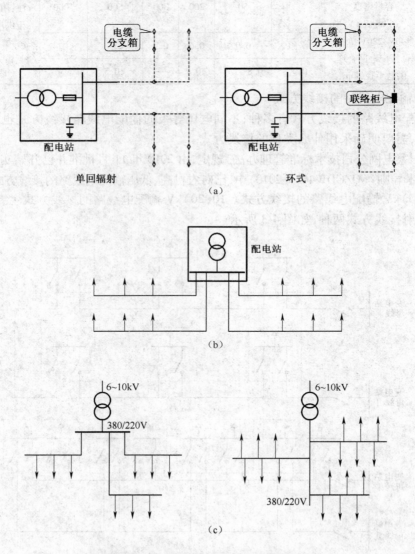

图 4-4　380/220V 输配电线路的接线方式

（a）电缆接线图　（b）单电源辐射接线方式一　（c）单电源辐射接线方式二

- 电缆接线方式:适用于多层建筑为主的居住区,配电变压器布置方式为集中布置,配电变压器安装方式以配电站为主,导线以电缆为主(见图 4-4a 所示)。
- 单电源辐射接线方式一:适用于联排建筑为主的农村居住区,配电变压器布置方式为集中布置,配电变压器安装方式以柱上变为主,导线以绝缘线为主(见图 4-4b 所示)。
- 单电源辐射接线方式二:适用于分散建筑为主的农村居住区,配电变压器布置方式为分散布置,配电变压器安装方式以柱上变为主,导线以绝缘线为主(见图 4-4c 所示)。

图 4-5 所示为典型农村输配电线路的单电源辐射接线方式,该接线方式中,每条主干线上有几处分支线,一般最多 4 个回路。

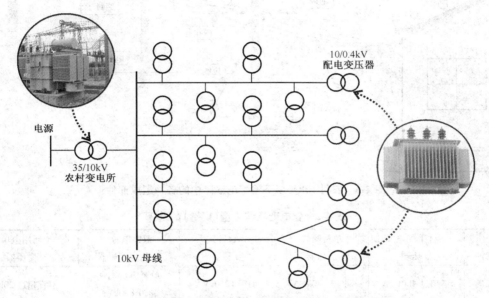

图 4-5 典型农村输配电线路的单电源辐射接线方式

4.1.2 输配电线路中各部件的选用原则

农村 10kV 以下输配电线路主要是由配电变压器、低压架空导线、电杆、横担、绝缘子、拉线等组成,如图 4-6 所示。线路中的主要设备大都较沉重,施工时较费时费力,因此在进行施工前首先应根据实际施工的地理环境、温度等因素进行合理的规划,并根据规划选用相应的输配电设备。

1. 配电变压器的选用

配电变压器是农村输配电线路中的核心,正确合理地选用配电变压器对整个输配电线路起着至关重要的作用。选择配电变压器一般从以下几个方面入手。

(1)配电变压器容量(kVA)的选择

对配电变压器容量进行选择时需要综合考虑多种因素,除了根据规划的用电负荷作为重要参考依据外,还应结合实际应用环境、用电特点等各个方面综合考虑。表 4-2 所列为通常情况下所选择配电变压器容量的大小,可作为参考。

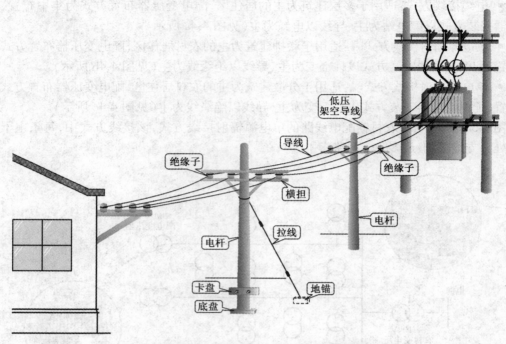

图 4-6　农村 10kV 以下输配电线路中的各种组成部件

表 4-2　配电变压器容量（kVA）的选择

配电变压器类型	柱上配电变压器	单台箱式变压器	单台杆式变压器	双路电源，2~4 台变压器	生活用电单相变压器
选择容量	不超过 400kVA	小于 630kVA	小于 1250kVA	单台容量不宜超过 800kVA	不宜超过 20kVA

选择配电变压器容量时，可从以下几点综合考虑进行选择：

● 容量选择基本原则：配电变压器容量与用电设备容量之比为 1 ∶（1.5~1.8）。

● 对于照明、农副业产品加工等综合用的配电变压器，需要考虑用电设备的同时率，即所有设备可能在同一时间内使用的概率，一般约为 0.7。

根据统计的用电总容量乘以同时率（0.7）即可得到本地区的实际用电总容量，然后按实际计算出可能出现的高峰负荷总千瓦数的 1.35 倍选择配电变压器的容量，基本上以满足实际负荷最大值为标准，若留有余度，最多不超过 10%。

● 对于专供农村照明用的配电变压器，应按接近于照明用电总容量（总千瓦数）来选择配电变压器的容量。

需要注意的是，对于用电户数较多、负荷分布不均的村庄，应根据负荷分布情况可适当增加配电变压器的台数，相应所选用配电变压器的容量可适当减小，否则可能会出现"大马拉小车"的现象，不仅造成设备的浪费，还为输配电系统增加了不必要的铜损和铁损；但也应注意配电变压器容量不能选择过小，否则可能会因超负荷运行而烧毁配电变压器。

- 对于专用于供副业用电的配电变压器,一般应按照规划负荷的 1.3 倍选择配电变压器容量。
- 对于排灌等季节性供电的专用配电变压器,则按平均负荷的 2 倍左右进行选择。若有条件的村庄,可采用母子变压器或调容变压器供电,以满足不同季节、不同时间的需求。

（2）配电变压器类型的选择

选择配电变压器的类型主要从是否节能和低损耗的角度考虑,我国农村电网中使用的配电变压器主要有从早先的 S7 系列、低损耗 S9 系列,到近年来开发的节能型 S11、S12、S13 系列等,各系列空载损耗及负荷损耗见表 4-3。

表 4-3　配电变压器各类型的空载损耗及负荷损耗

容量 （kVA）	类　　型					
	S7 系列		S9 系列		S11 系列	
	空载损耗	负荷损耗	空载损耗	负荷损耗	空载损耗	负荷损耗
30	150	800	130	600	100	600
100	320	2000	290	1500	200	1500
125	370	2450	340	1800	240	1800

从表中可以看到,其中 S9 系列变压器相比 S7 系列,其空载损耗降低了 8%,负荷损耗降低了 25%;S11 系列是在 S9 系列的基础上改进结构设计,选用超薄型硅钢片,进一步降低空载损耗而开发出来的,其空载损耗比 S9 系列降低了 30%,但投资相对稍高。

在选用配电变压器时,应多选择使用新的节能型低损耗配电变压器,全部淘汰高损耗配电变压器。

（3）配电变压器台数的选择

选择配电变压器台数主要是根据农村用电负荷实际分布密度、季节性等特点进行确定,尽量符合容量小、辐射范围小(供电半径小)等特点。

- 对于村庄规模较小、用电少、负荷集中的情况,一般需 1 台配电变压器供电即可,且应尽量将配电变压器安装在负荷中心。从配电变压器的低压出口分配到各个负荷点,其供电半径不宜超过 500m,如图 4-7 所示。

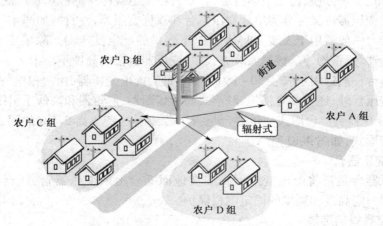

图 4-7　较少台数配电变压器的选择

● 对于村庄规模较大、用电多、负荷分布不均匀的情况,则需要根据负荷分布情况,依据多台供电、距离短、容量小的原则进行配置,如图 4-8 所示。

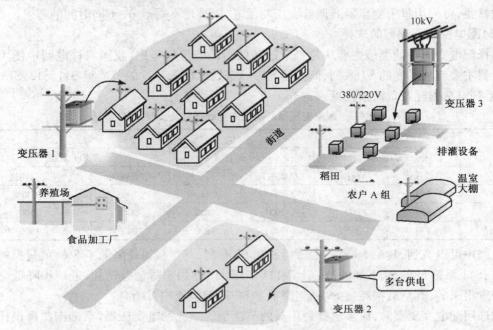

图 4-8   多台配电变压器的选择

对于一些情况比较特殊的村庄,若条件允许,可采用母子变压器或变压器并列运行的供电方式。在负荷变化较大时,根据电能损耗最低的原则,投入不同容量的配电变压器。

(4)配电变压器安装方式的选择

在农村输配电线路中,配电变压器有多种安装方式,如杆架式、台墩式、落地式等。

● 杆架式变压器台。杆架式变压器台是指通过电杆对变压器进行支撑和固定的安装形式,具有结构简单、安装方便、占地少等特点,在农村输配电线路中的应用较广泛。

通常杆架式变压器台又可分为单杆变压器台和双杆变压器台两种,如图 4-9 所示。

单杆变压器台一般适用于安装 30kVA 及以下容量的配电变压器。除了变压器本身外,一般还安装有熔断器、避雷器等。该类安装方式中,变压器台架的高度不小于 2.5m。

双杆变压器台一般适用于安装 50~180kVA 容量的配电变压器,由两根电杆同时支撑和固定变压器。除变压器外,还安装有横担、跌落式高压熔断器、避雷器和高低压引线等。

● 台墩式变压器台。台墩式变压器台是指用砖或石块砌成高 2.5m 的固定台墩,用来支撑变压器的安装形式,如图 4-10 所示。

● 落地式变压器台

落地式变压器台是指将配电变压器安装在地面矮台上的变压器台,矮台的高度一般在 0.5~1m,周围用一定高度和宽度的固定围栏保护。

2. 低压架空导线的选择

低压架空导线一般长时间工作于露天环境中,经常受到风雨冰雪、环境温度以及空气中所

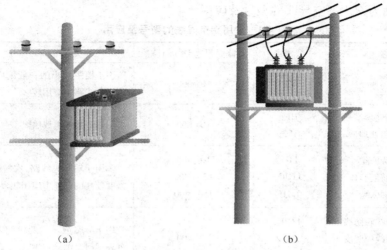

图 4-9　杆架式变压器台示意图

(a)单杆变压器台　(b)双杆变压器台

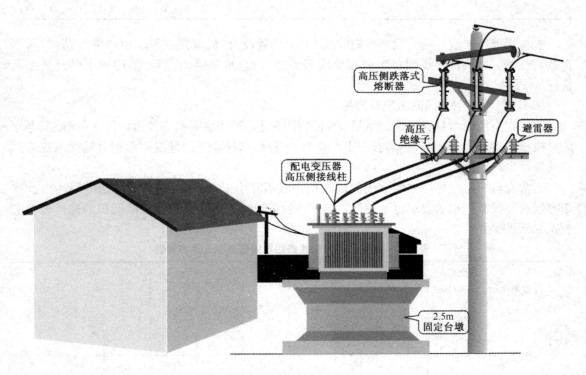

图 4-10　台墩式变压器台示意图

含化学杂质等的影响和侵蚀,因此低压架空用导线应具有良好的导电性能、足够的机械强度、重量轻、耐腐蚀等特点。

（1）架空导线的型号及应用

表 4-4 所列为常用架空导线的型号及应用。

表 4-4 常用架空导线的型号及应用

名　称	型　号	截面积范围（mm²）	应　用
铝绞线	LJ	10~600	用于档距较小的一般配电线路,在农村低压配电线路中应用较多
铝合金绞线热处理型 铝合金绞线非热处理型	HLJ HL2J	10~600	用于一般配电线路
钢芯铝绞线普通型 钢芯铝绞线轻型 钢芯铝绞线加强型	LGJ LGJQ LGJJ	10~400 150~700 150~400	多用于输配电线路,农村中负载较大、机械强度较高的线路中应用较多
防腐蚀钢芯铝绞线轻防腐 防腐蚀钢芯铝绞线中防腐 防腐蚀钢芯铝绞线重防腐	LGJF LGJF2 LGJF3	25~400	用于有腐蚀环境的输配电线路中,轻、中、重表示耐腐蚀能力
铜绞线	TJ	10~400	用于特殊要求的输配电线路
镀锌钢绞线	GJ	2~260	用于农用架空线或避雷线

农村用低压架空导线一般采用铝绞线,对于负载较大、机械强度要求较高的线路,常采用钢芯铝绞线。这两种导线相对于铜芯导线来说造价低、重量轻,有利于节约成本以及长距离使用。

（2）农村用架空导线截面积的选择

由于架空导线本身有一定的重量,在工作中还要受到环境影响等外力的作用,因此架空导线对机械强度、截面积的大小均有一定的要求。因此,选择合适的导线截面积对输配电线路的成功架设也很重要。

通常农村用架空导线中铝导线的截面积一般不宜小于 16mm²,而且不同送电距离以及输送容量对导线截面积的要求也不相同。对于 380V 三相架空线路铝导线截面积的选择可参考表 4-5 所列数据。

表 4-5 380V 三相架空线路铝导线截面积选择参考表

输送容量（kW） ＼ 铝线截面积（mm²） ＼ 送电距离（km）	0.2	0.3	0.4	0.5	0.6	0.7	0.8	0.9	1.0
6	16	16	16	16	25	25	35	35	35
8	16	16	16	25	35	35	50	50	50
10	16	16	25	35	35	50	50	70	70
15	16	25	35	50	70	70	95		

续表 4-5

输送容量（kW）	铝线截面积（mm²）＼送电距离（km）	0.2	0.3	0.4	0.5	0.6	0.7	0.8	0.9	1.0
20		25	35	50	70	95				
25		35	50	70	95					
30		50	70	95						
40		50	95							
50		70								
60		95								

注：表中按每 kW/2 A、功率因数为 0.8、线间间距为 0.6m 计算，电压降不超过额定值的 5%。

（3）架空导线允许载流量的要求

架空导线允许载流量应能满足负载的要求，也就是说导线的实际负载电流应小于导线的允许载流量。农村低压架空线路常用导线的允许载流量见表 4-6，实际施工操作中，可参考此表数据进行选用。

表 4-6　铝绞线和钢芯铝绞线的允许载流量

铝绞线		钢芯铝绞线	
型号	导线温度为 70℃时户外载流量（A）	型号	导线温度为 70℃时户外载流量（A）
LJ—16	105	LGJ—16	105
LJ—25	135	LGJ—25	135
LJ—35	170	LGJ—35	170
LJ—50	215	LGJ—50	220
LJ—70	265	LGJ—70	275
LJ—95	325	LGJ—95	335

（4）架空导线对地面和跨越物的最小距离

为保证架空线路的安全运行，架空导线在通过不同环境的区域时，导线对地面、水面、道路、民房以及其他设施均应保持一定的距离。通常架空线对地和跨越物的最小距离可参考表 4-7。

表 4-7　架空线对地和跨越物的最小距离

农村架空线路跨越物名称	最小距离（m）	
	1kV 以下	1~10kV
乡、村、集镇等区域的地面	5.0	5.5
自然村、田野、交通困难地区地面	4.0	4.5
马路、拖拉机道路	6.0	7.0
河流常年最高水位	6.0	6.0

续表 4-7

农村架空线路跨越物名称		最小距离（m）	
		1kV 以下	1~10kV
居民区房屋	到屋顶垂直距离	2.5	3.0
	到墙面水平距离	1.0	2.0
树木	垂直距离	1.0	1.5
	水平距离	1.0	2.0
通信广播线	交叉跨越（电力线须在上方）	1.0	2.0
	水平接近通信线	电杆高度的距离	电杆高度的距离

（5）架空导线的档距和弧垂

架空线路中，两相邻电杆之间的距离称为档距；在两根电杆之间，导线悬挂点与导线最低点之间的垂直距离称为导线的弧垂。图 4-11 所示为架空导线的档距和弧垂示意图。

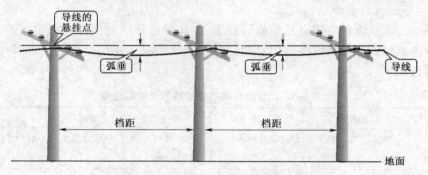

图 4-11　架空导线的档距和弧垂示意图

低压架空线路中，电杆档距的大小直接影响整个线路的安全运行情况以及造价的高低。在线路的架设施工中档距的大小应根据所选用导线的规格和具体环境等因素来确定。

农村 380 V/220 V 架空线路常用的档距范围见表 4-8，可作为施工操作时的重要参考数据。

表 4-8　380/220V 低压架空线路常用档距

导线水平间距（m）	0.3			0.4	
档距（m）	25	30	40	50	60
适用范围	城镇、农村居民点乡镇企业内部		城镇非闹区居民点外围城镇工厂区	农村田间居民点外围城镇工厂区	

导线的弧垂也直接影响架设线路施工质量的高低。在最基本的环境因素中，热胀冷缩的原理也要求导线架设时有一定的伸缩空间。另外，弧垂的大小与电杆的档距、导线重量、架线松紧度、环境温度以及气候环境等自然条件均有密切关系。

通常，导线横截面积确定后，档距越大，弧垂越大，导线所受的拉力也越大。当超过导线的机械强度时,就会引起导线的断裂。

(6)架空导线的相间距离

一般在架设裸铝导线时,档距在 50m 的,相间距离不应小于 0.4m;档距在 70m 及以下的,相间距离不应小于 0.5m;靠近电杆两导线水平距离不小于 0.5m。

在架设绝缘电线时,档距在 40m 及以下的,相间距离不低于 0.3m;档距在 50m 及以下的,相间距离不低于 0.35m;靠近电杆的两导线间距离为 0.4m。

3. 电杆的选用

(1)电杆的种类

在低压架空线路中,电杆起着支撑架空导线的作用。首先将电杆埋在地里,在电杆上端部分装上横担和绝缘子,然后将导线固定在绝缘子上,因此要求电杆必须有一定的机械强度。

①电杆按制作材料分类。电杆按其制作材料不同可分为木杆、钢筋混凝土杆、钢杆、铁塔等。

- 木杆。具有重量轻、施工方便、价格低廉、耐雷击等特点,但其机械强度低、易腐烂,目前已经较少使用。
- 钢筋混凝土杆(水泥杆)。具有挺直、耐用、成本低、不易腐蚀等特点,但是其体积较大、笨重、运输和组装困难,目前广泛用于 110kV 以下架空线路。
- 钢杆。具有机械强度大,使用年限长等特点,但是消耗钢材量大,价格高且易生锈,目前被广泛用于居民区 35kV 或 110kV 的架空线路。
- 铁塔。具有机械强度大,使用年限长等特点,但是消耗钢材量大,价格高且易生锈,目前被广泛用于 110kV 或 220kV 的架空线路。

在农村低压架空线路中,较常使用的电杆一般是木杆和钢筋混凝土杆。目前对于负载较大、机械强度要求较高的线路一般使用钢筋混凝土杆。其规格参数见表 4-9。

表 4-9　钢筋混凝土杆规格表

杆长(m)	7	8	9	10	11	12
稍径(mm)	150	150	150	150	150	150
根径(mm)	243	257	270	284	297	310
壁厚(mm)	30	30	30	32	32	32
钢筋重量(kg)	20.16	25.72	41.87	53.43	68.60	76.10
混凝土体积	0.110	0.130	0.153	0.180	0.220	0.250
总重量	280	340	400	470	600	680

②按电线的连接方式分类。直线连接方式、耐张连接方式、转角连接方式、终端连接方式、跨越连接方式、分支连接方式等,如图 4-12 所示。

- 直线连接方式的电线排列在一条直线上,电杆两面的导线拉力平衡,能承受导线、绝缘子、金具,同时能承受侧风的负载。在地势平坦的地区应用广泛。
- 耐张连接方式能承受一侧导线的拉力,当线路出现断杆、断线事故时,可以将事故限制在两根耐张杆之间,以防止事故扩大。耐张杆要求机械强度高,一般用拉线来加强。通常用在

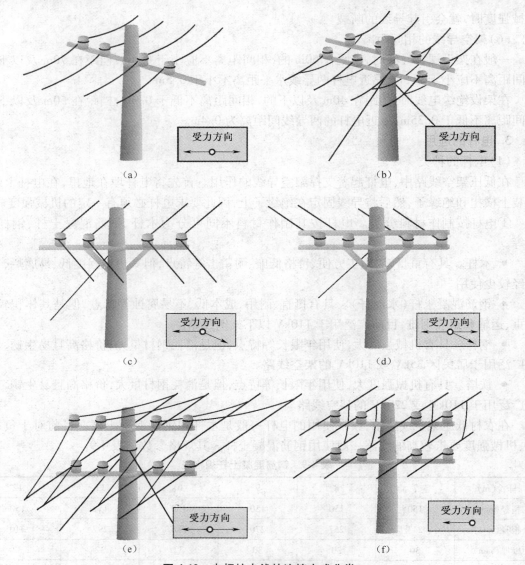

图 4-12　电杆按电线的连接方式分类

(a)直线连接方式　(b)耐张连接方式　(c)转角连接方式　(d)终端连接方式　(e)跨越连接方式　(f)分支连接方式

线路分段处,能加强线路的强度。

● 转角连接方式用在线路的转角处,前后各档导线不在同一直线上,能承受两侧导线的合力。转角杆可根据转角的不同而使用直线杆型或耐张杆型。一般转角在 15°~30°时,宜采用直线杆型;转角在 30°~60°时,应采用转角耐张杆。

● 终端连接方式用在线路的始端和终端,一般采用导线反向拉线,只在单方向装设导线,承受单侧不平衡的拉力。

● 跨越连接方式的电杆因为比普通电杆高,用在跨越铁路、公路、河道、山谷、工厂或居民区等分叉跨越处的两侧。一般采用"十"字或"人"字拉线。

●　分支连接方式是在同一根电杆上分出两条不同输电方向的电杆,用于分支线时的支持点。一般采用与分支线方向相对应的方向拉线。

(2)电杆杆型及架设连接方式的选择

在农村中,由于地理环境因素的影响,一条低压线路一般都会有转角、分段或跨越的情况,因此在进行施工前要根据选好的线路路径选用相应的电杆杆型。选用的原则主要有两条:一是要节约;二是要保证线路的安全可靠。图 4-13 所示为各种杆型在某低压架空线路中的应用实例。

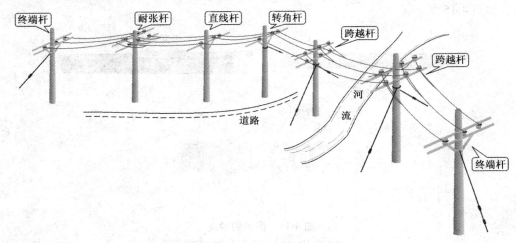

图 4-13　各种杆型在低压架空线路中的应用

(3)电杆高度的选择

选好杆型后,还要根据现场具体情况,因地制宜地进行勘测并选择出适当高度的电杆来确保施工质量的安全可靠。

电杆的高度选择时要综合考虑多个方面的因素,它通常是由导线对地面或其他设施的规定垂直距离来决定的,同时也要考虑到横担安装的位置、导线弧垂以及电杆掩埋的深度等因素。

电杆的高度计算公式为:电杆总长 = 横担至杆顶距离 + 导线弧垂 + 导线对地或其他设施的距离 + 电杆埋深(电杆埋深一般为电杆高度的 1/6)。如图 4-14 所示。

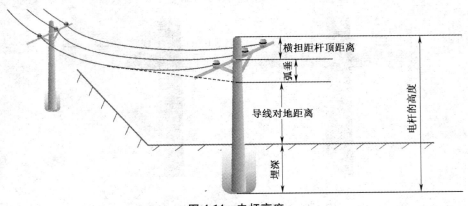

图 4-14　电杆高度

通常,横担安装在距杆顶 100~150mm 的地方。

4. 横担的选用

(1) 横担的种类

横担一般安装在电杆顶部靠受电端一侧,用于安装固定敷设导线用的绝缘子。低压架空线路中常用的横担有很多种,通常可按其制作材料和安装位置及用途进行分类。

① 按制作材料分类。横担按其制作材料的不同可分为木横担、角钢横担和瓷横担三种。其外形如图 4-15 所示。

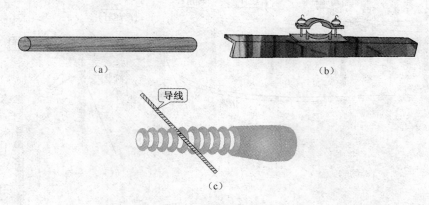

图 4-15　横担的种类

(a) 木横担　(b) 角钢横担　(c) 瓷横担

- 木横担具有重量轻、价格低廉、耐雷击等特点,但易腐烂,目前在农村已经很少使用。
- 角钢横担通常外表镀一层锌或涂漆,具有强度大、耐用、成本低、不易腐蚀、使用年限长等特点,目前在农村被广泛使用在低压线路中。
- 瓷横担采用可转动结构,导线在断线时,瓷横担开始转动使导线两端张力保持平衡,从而有效地缓和断线事故的扩大。但是价格较贵,容易损坏,目前在农村被广泛使用在高压线路中。

② 按安装位置及用途分类的不同可分为:正横担、侧横担、和合横担和交叉横担等,如图 4-16 所示。

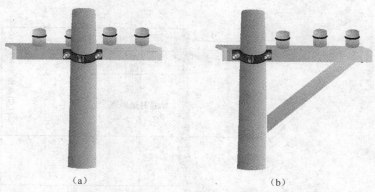

图 4-16　横担在低压架空线路上的应用

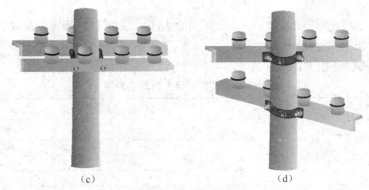

（c）　　　　　　　　　　　（d）

图 4-16　横担在低压架空线路上的应用（续）
（a）正横担（单横担）　（b）侧横担　（c）和合横担（双横担）　（d）交叉横担

　　正横担的应用最为广泛，在低压架空线路中，直线杆上一般都安装正横担；侧横担多应用于电杆与建筑物距离较近，但又必须安装在规定的距离之内的情况下，也可安装在房屋的墙壁上固定进户导线使用；和合横担较常应用于转角杆、耐张杆、终端杆等杆型上，按其安装形式有平面和合和上下和合两种；交叉横担则常用于分支或大转角处。图 4-17 所示为横担在架空线路中的应用实例。

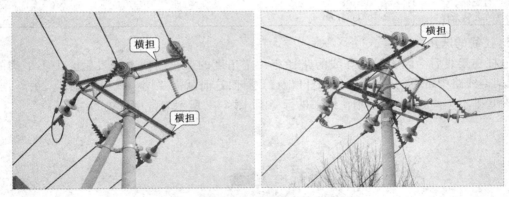

图 4-17　横担在架空线路中的应用实例

（2）横担的选择

　　一般可从实际应用环境及用途、架设导线的相数、导线的粗细、架设档距的大小等多方面因素进行选择，避免选择类型过大，造成材料的浪费；选择太小，又会留下潜在隐患。

　　● 从实际应用环境和用途来说，一般农村高压配电线路（3~10kV）最好采用瓷横担，低压配电线路则一般采用角钢横担或木横担。

　　● 从架设导线的相数来说，三相四线制线路中使用∠50×5×1500 型横担，单相线路习惯用∠50×5×800 或∠50×5×500 型横担。

　　● 从导线的粗细程度（横截面积大小）来说，若导线横截面积在 50mm^2 以下，档距在标准范围之内且气候条件正常的情况下，应该选择∠50×5×1500、∠50×5×800、∠50×5×500 3 种类型的横担；若导线截面在 50mm^2 及以上或档距过大，档距远远超出标准范围，气候条件恶劣等情况下,应选用∠63×6 型横担。

横担的长度一般由导线的根数、相邻电杆间的大小和线间距离等因素决定。

（3）导线在横担上最小距离

表 4-10 为导线在横担上的最小距离。

表 4-10　导线在横担上的最小距离　　　　　　　　（m）

电 杆 距 离	电 压 等 级	
	10kV	380V
40m 以下	0.6	0.3
50m	0.65	0.4
60m	0.7	0.45
70m	0.75	0.5

（4）横担层间距离

在农村低压架空线路中,为降低成本和节省空间,往往会在同一电杆上架设各种线路。各种线路的安装顺序有一定的要求,一般自上而下的顺序为:低压电力线路、通信线路和广播线路。为了保证同一线杆之间各种线路的安全运行,各个线路间的距离也有一定的要求,见表 4-11。

表 4-11　同杆架设线路各层横担间的最小距离　　　　　　（m）

类 别	1~10kV 与 1~10kV 之间	1~10kV 与 1kV 以下之间	1kV 以下与 1kV 以下之间
直线杆	0.8	1.2	0.6
分支杆或转角杆	0.45~0.60	1.0	0.3

5. 拉线的选用

电杆在架线后会因所架设导线的路径有一定角度的变化而使电杆发生受力不平衡的现象,如架空线路中常见的转角杆、耐张杆以及跨越杆,这时就需要用拉线稳固电杆。另外,当电杆埋设基础不牢固时,也可以用拉线来进行稳固,图 4-18 所示为常见拉线的结构。

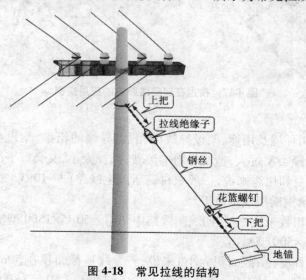

上把

拉线绝缘子

钢丝

花篮螺钉

下把

地锚

图 4-18　常见拉线的结构

通常电杆的拉线是由钢丝或铁绞丝、上把、下把、拉线绝缘子和地锚构成。其中,农村低压架空线路中使用的拉线一般用直径为 3.2~4.0mm 的镀锌钢丝或铁线绞成,在要求受力较大的地方也可将镀锌钢丝绞线作为拉线使用;埋入地下的地锚可用横木、水泥地埋或石块等。

　　常见的拉线按用途和结构可以分为尽头拉线、转角拉线、人字拉线、高庄拉线、自身拉线等,如图 4-19 所示。

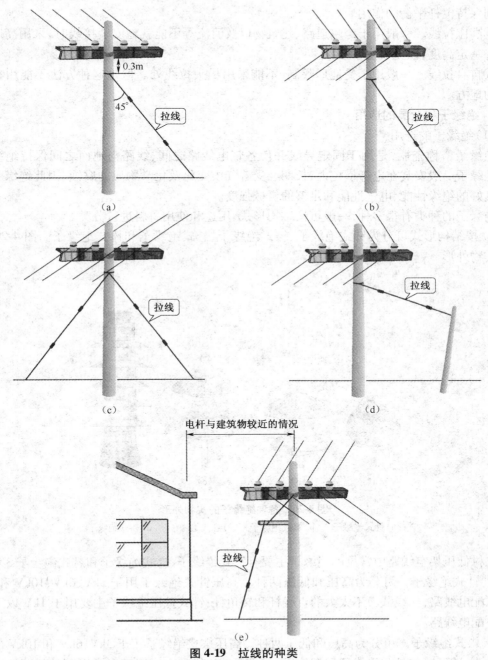

图 4-19　拉线的种类
(a)尽头拉线　(b)转角拉线　(c)人字拉线　(d)高庄拉线　(e)自身拉线

①尽头拉线(也称为普通拉线)一般用于架空线路的终端杆、转角杆和分支杆,在线路中主要起拉力平衡的作用。拉线一般固定在横担下不大于0.3m处,与电杆成45°。

②转角拉线一般用于架空线路的转角杆,主要起到平衡拉力的作用。

③人字拉线一般用于基础不坚固和交叉跨越加高的电杆,以及耐张杆中间的直线杆上,主要起到保持电杆平衡的作用。

④高庄拉线。一般用于跨越道路、建筑物以及河流等不能就地安装接线时,采用高庄拉线应保持一定高度,以免发生事故。

⑤自身拉线。一般用于受地形限制,不能采用尽头拉线处。但是这种方法不能用在负载较重的地方。

6. 绝缘子和金具的选用

(1)绝缘子的选用

绝缘子俗称瓷瓶,是用于固定导线并使各带电线路之间、线路与地面之间保持绝缘的器件。绝缘子一般安装在电杆横担上,长期经受着气候变化及化学物质的腐蚀,因此绝缘子必须具有良好的绝缘性能、电气性能和足够的机械强度。

绝缘子的种类有很多种,一般可按结构形式、用途和使用材料进行分类。

① 按结构形式可分为针式绝缘子、蝶式绝缘子、悬式绝缘子和棒式绝缘子。图4-20所示为其实物外形。

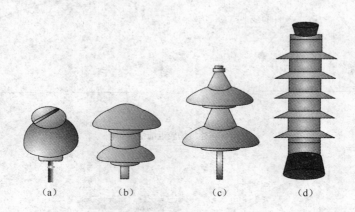

图4-20　各种绝缘子的实物外形
(a)针式绝缘子　(b)蝶式绝缘子　(c)悬式绝缘子　(d)棒式绝缘子

农村低压架空线路中常见的绝缘子主要有针式绝缘子、蝶式绝缘子和悬式绝缘子3种。

● 针式绝缘子。可分为高压和低压两种。高压针式绝缘子用于3kV、6kV、10kV和35kV的高压配电线路,导线截面不太大的直线杆和转角杆;针式低压绝缘子主要用于1kV以下的低压架空配电线路。

● 蝶式绝缘子。可分为高压和低压两种。高压蝶式绝缘子用于3kV、6kV和10kV的高压架空线路,还可以与悬式绝缘子配合使用;蝶式低压绝缘子主要用于1kV以下的低压架空配电线路。

● 悬式绝缘子。一般使用在 35kV 线路的耐张杆,10kV 线路的耐张杆、转角杆和终端杆上,能承受较大的拉力。使用时一般多个悬式绝缘子串联在一起使用。当电压低时,串联的绝缘子少;当电压高时,串联的绝缘子多。

②按用途可划分为拉紧绝缘子、瓷横担绝缘子。

● 拉紧绝缘子。一般用于转角杆、承力杆、终端杆上,起到平衡电杆所承受的拉力的作用。

● 瓷横担绝缘子。不仅能起到绝缘子的作用,还能够起到横担的作用,有较高的绝缘水平、运行便捷、施工简单和维修量少等特点。

③绝缘子按材料可划分为瓷质绝缘子、玻璃绝缘子、合成绝缘子,在农村最常见的是瓷质绝缘子。

● 瓷质绝缘子。成本低、使用年限长,上下表面平滑、积污量少、自洁性强,具有较高的绝缘水平,便于施工,运行方便,不易损坏等特点。遇到雷击及污闪容易发生掉串事故。

● 玻璃绝缘子。具有零值自爆的特点。玻璃绝缘子万一发生自爆,其残留机械强度仍然很高,并且能确保线路的安全运行。遇到雷击及污闪不会发生掉串事故。

● 合成绝缘子。具有防闪性好、重量轻、机械强度高、不易腐蚀、抗老化等特点,但是其价格比较高。

（2）金具的选用

金具是指在架空线路中用于组装横担、绝缘子,架设导线及制作电杆拉线的金属附件。为防止因长期裸露在空气中而发生锈蚀,金具一般应镀锌或涂漆。

在农村低压架空线路中常用的金具主要有半圆夹板、U 形抱箍、穿心螺栓、扁铁垫块和支撑,图 4-21 所示为各种金具的外形。

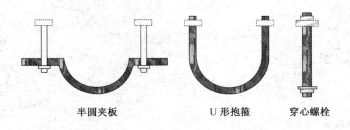

半圆夹板　　　　U 形抱箍　　穿心螺栓

图 4-21　农村低压架空线路中常用金具外形

在进行施工过程中,要注意根据使用的部位和作用的不同选用合适的品种和规格。例如,角钢横担与水泥杆进行固定时,由于其接触面积较小,为防止横担倾斜,通常要用支撑进行固定。或在水泥杆和横担之间加装扁铁垫块,即可简化结构,又能节省钢材。图 4-22 所示为常见金具在低压线路中的几种应用实例。

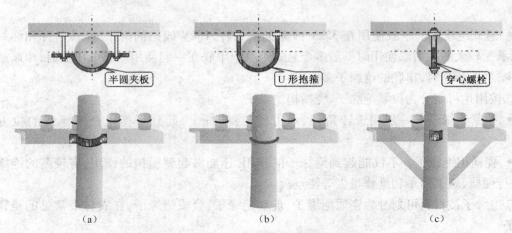

图 4-22   金具的应用实例

(a)半圆夹板的应用   (b)U 形抱箍的应用   (c)穿心螺栓的应用

4.2   输配电线路的架设

4.2.1   电杆的安装固定

1. 电杆的定位

进行施工操作前首先应根据安装施工图到现场确定线路的起点、转角点和终端点的电杆位置,然后根据实际施工环境确定中间点的电杆位置,如图 4-23 所示,同时顺线路方向画出长 1~1.5m、宽 0.5m 的长方形杆坑线。

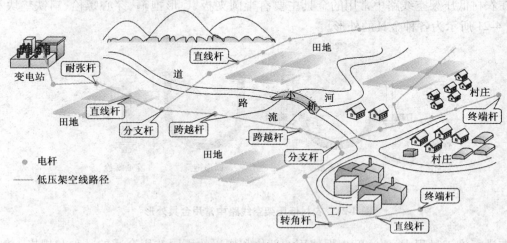

图 4-23   确定电杆的位置

2. 挖杆坑

杆坑的深度一般需要根据杆的长度和土质的不同而定,通常坑深为杆长的 1/5～1/6。在普通的黄土、黑土、沙质黏土中埋深杆长的 1/6,在土质松软或斜坡处应埋深至少 1/5 杆长。

杆坑的形状有圆形和梯形两种。一般不设卡盘和底盘的电杆杆坑可挖成圆形;有卡盘和底盘的电杆杆坑,为立杆方便可挖成梯形。

①圆形杆坑的外形如图 4-24 所示,这种杆坑挖动的土量较少,对电杆的稳定性较好。在农村低压架空线路中,圆形杆坑最为常见。

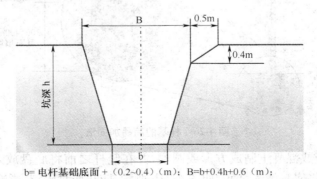

b= 电杆基础底面 +(0.2~0.4)(m);B=b+0.4h+0.6(m);

图 4-24　圆形杆坑的示意图

②梯形杆坑宜在竖立有卡盘和底盘的电杆时使用,按其挖深程度不同主要有两阶坑和三阶坑两种,如图 4-25 所示。一般坑深在 1.6m 以下采用两阶坑,坑深在 1.8m 以上宜采用三阶坑。

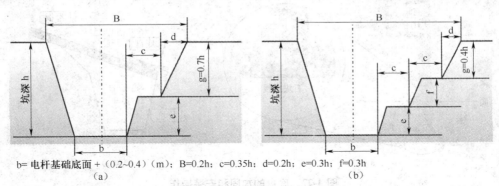

b= 电杆基础底面 +(0.2~0.4)(m);B=0.2h;c=0.35h;d=0.2h;e=0.3h;f=0.3h
　(a)　　　　　　　　　　　　　　　　　　　　(b)

图 4-25　梯形杆坑的示意图

(a)两阶梯形杆坑　(b)三阶梯形杆坑

3. 加固杆基

为增强线路和电杆的稳定性,应采用一定的措施对电杆的杆基进行加固。

(1)简易加固法

通常架空线路中的直线杆受到线路两侧的风力作用而容易失去平衡,但由于成本问题,也不能在每根直线杆左右都安装拉线,而且农村中的设施条件比较简单,进行杆基加固的方法通常采用填石补土的方法,如图 4-26 所示。先在电杆根部四周填埋一层深 0.3~0.4m 的乱石,并在石缝缝隙中填入泥土捣实,然后再覆盖 0.1~0.2m 厚的泥土并夯实,直至与地面齐平。

(2)安装底盘加固法

对于安装在土质过于松软环境中的电杆,或装有变压器和开关等设备的耐张杆、跨越杆、转角杆、分支杆和终端杆等,可采用在杆底部安装底盘的方法对杆基进行加固,如图 4-27a 所

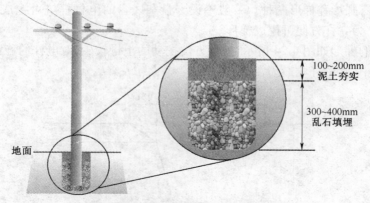

图4-26　杆基的简易加固法

示。底盘一般用石板或混凝土制成方形或圆形,并在竖杆之前将底盘放入坑底。在进行该步操作时,可使用滑板将底盘滑入坑底,如图4-27b所示,防止底盘碎裂,影响安装质量。

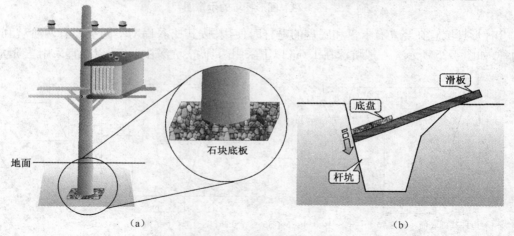

（a）　　　　　　　　　　　　　　　　　　　　　　（b）

图4-27　底盘的加固和安装操作

（a）底盘加固杆基　（b）将底盘渐渐滑落至坑底

（3）安装卡盘加固法

在电杆埋入地下的部分安装卡盘也是常见的杆基固定方法之一。对于应用广泛的水泥杆固定用卡盘一般用混凝土制成400mm×200mm×800mm的长方形,如图4-28所示。

卡盘的安装一般要遵循以下原则:

● 对一般直线杆,为加强电杆抗侧向风力的能力,通常将一道卡盘安装在电杆根基部分,称为一道单边卡盘,如图4-28a所示。整个线路中需逐杆依次两侧交叉布设,且在转角杆上,卡盘应安装在导线张力的方向,如图4-29所示。

● 如果电杆所处环境的风力不是太强,可采用隔杆两侧交叉布设,如图4-30所示。

● 若电杆处在侧向风力较大的地区,一般需安装两道卡盘来加固杆基,几种常见形式如图4-31所示。

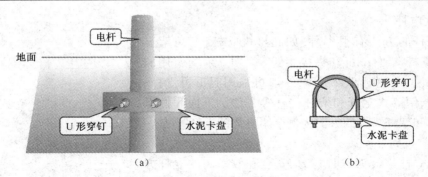

图 4-28　水泥卡盘的安装

(a)水泥卡盘安装前视图　(b)水泥卡盘安装顶视图

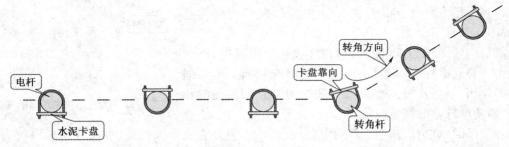

图 4-29　逐杆依次两侧交叉布设及转角杆处卡盘的安装

图 4-30　隔杆两侧交叉卡盘布设

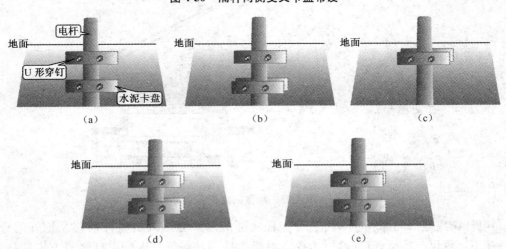

图 4-31　卡盘的安装形式

(a)两道上下单边卡盘　(b)上单边、下和合卡盘　(c)一道上和合卡盘　(d)两道上、下和合卡盘　(e)上和合卡盘、下单边卡盘

4. 竖立电杆

竖立电杆的方法有很多种,如起重机立杆、三角架立杆、倒落式立杆、架杆立杆和直接立杆等。对于农村常用的水泥电杆来说,这种电杆较沉重,一般可采用起重机立杆、三角架立杆、倒落式立杆和架杆立杆等方法。下面我们以起重机立杆和架杆立杆的方法为例介绍具体的立杆方法。

(1)起重机立杆

起重机立杆是最为省时省力、安全和效率高的立杆方法。具体操作如下:

①竖杆前先在距离电杆根部1/2~1/3处结一根起吊钢丝绳,再在距杆顶约500mm处结3根调整绳和一根脱落绳,如图4-32所示。

起吊钢丝绳与起重机的吊钩相连接用于吊起电杆;调整绳用于竖起电杆后调整校直用;脱落绳起到断开调整绳扣结的作用,当电杆竖立好后拽下脱落绳解开调整绳的扣结,从而使电杆上的绳索脱落。

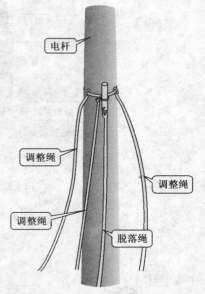

图4-32　调整绳和脱落绳的安装

②起吊时,坑边由两个人负责电杆底部入坑,另外有三个人拉调整绳,并站成以坑为中心的三角形,统一由一个人指挥,如图4-33所示。

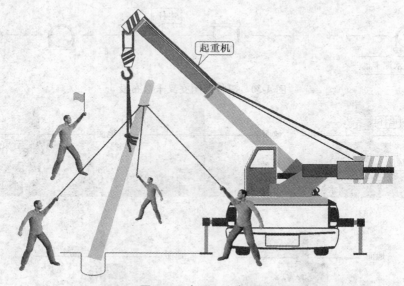

图4-33　起重机竖杆操作

当电杆调离地面约200mm时,负责电杆底部的两个施工人员将杆根移至挖好的杆坑口处,继续用起重机起吊电杆,同时由指挥人员指挥拉调整绳的三人朝电杆竖直方向拖拉,加快电杆的竖直,直至电杆底部完全深入到杆坑中。

③当电杆底部完全入坑后,需要校直电杆,如图4-34所示。若架设的为直线杆,则电杆的

中心应垂直;耐张杆应向承力方向倾斜,其斜度不应大于稍径,也不应小于稍径的1/4。

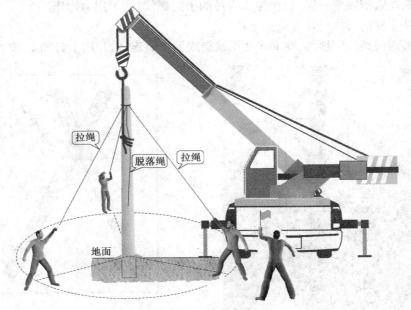

图 4-34　电杆的校直

④电杆调整好后,向杆坑填土,每填土约300mm夯实一次,最后填土夯实后应高于地面约300mm,以备沉降,竖立电杆操作完成后如图4-35所示。

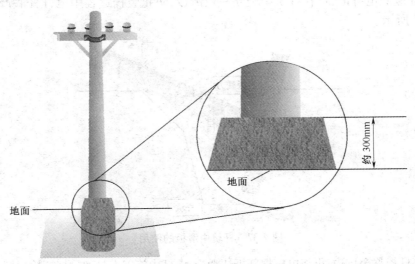

图 4-35　竖立完成后的电杆

（2）架杆立杆

架杆立杆多应用于设备条件较落后以及交通不便利的情况下。这种立杆的方法比较简单,但劳动强度较大,可用于高度小于 8 m 的水泥杆和高于8m的木杆的竖立。

常用的架杆有 4m、5m、6m 几种，且在距其根部 0.7~0.8m 处，穿有长 300~400mm 的螺栓，并用细镀锌铁丝紧密缠绕一层，以便施工人员的手能握住，便于用力操作。

使用架杆立杆的具体操作方法如下：

①首先将两根架杆距顶部 300mm 处用铁链或钢丝绳连接，并用卡钉固定，如图 4-36 所示。

图 4-36　架杆的连接操作

②将电杆顶部的左右两侧以及后侧拴上两三根拉绳，用于在竖立过程中控制杆身，并防止电杆倾倒。在竖立电杆前，可在杆坑中竖立一块滑板，防止竖杆过程中电杆杆底严重挤压杆坑壁，如图 4-37 所示。

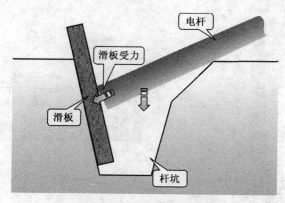

图 4-37　杆坑中滑板的使用

③然后将杆根移至坑边，再将电杆根部抵住滑板，电杆由施工人员通过杠杆抬起杆头后，用 2~3 副架杆支撑电杆顶部，同时架杆边撑顶边交替向根部移动，使电杆渐渐竖起，如图 4-38 所示。

④待电杆竖起后用两副架杆相对支撑电杆，如图 4-39 所示，并用拉绳对电杆进行校直，最后填土夯实。

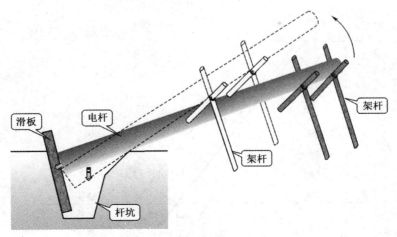

图 4-38　利用架杆竖杆的操作方法

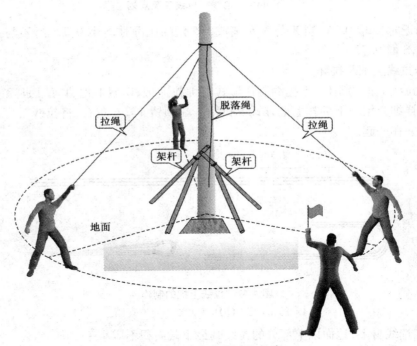

图 4-39　电杆的固定和校直

4.2.2　拉线的制作安装

电线杆安装拉线一般由上把、中把、下把和地锚组成。安装拉线之前,首先大致确定拉线的实际安装位置,电线杆拉线安装规划如图 4-40 所示,拉线与电杆的夹角不宜小于 45°。

1. 计算拉线长度

测量并计算拉线的大致长度,拉线的实际长度可用下面近似公式计算:L=S(X+Y)。当 X

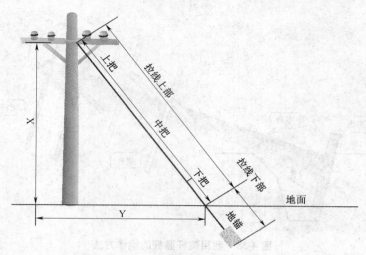

图 4-40　电线杆拉线安装规划

与 Y 距离相近时,S 取 0.71;当 X 与 Y 距离成 1.5 倍的比例时,S 取 0.72;当 X 与 Y 距离成 1.7 倍的比例时,S 取 0.73。

2. 制作拉线上把及拉环

首先是拉线上把的制作,上把的制作形式有绑扎上把、U 型上把、T 型上把 3 种,如图 4-41 所示。下面详细介绍一下绑扎上把方式。拉线一端预留 1.2m 左右,将拉线折弯,折回部分散开与拉线合并在一起。

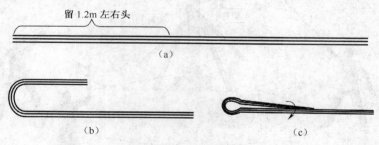

图 4-41　拉线上把的制作

(a)绑扎上把　(b)U 型上把　(c)T 型上把

提醒:在选线材上,地面以上部分的拉线其最小截面积不应小于 $25mm^2$。

用另一根 3.2mm 粗细的镀锌铁丝一端与折回部分合并在一起,另一端用钢丝钳缠绕,如图 4-42 所示,3~5 股的拉线缠绕长度约为 200mm,7 股以上的拉线缠绕长度约为 300mm。

图 4-42　绕线

绑线缠绕完后,绑线两端自相扭绞 3 圈成麻花状,如图 4-43 所示。至此,拉线上把拉环制作完毕。图 4-44 所示为拉线上把的绕接实例。

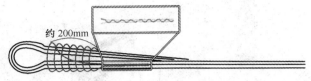

图 4-43 将线扭成麻花状

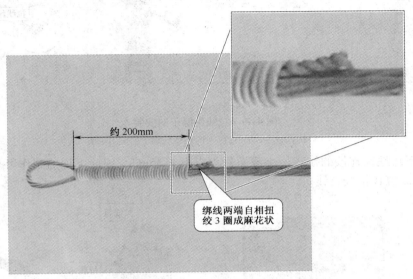

绑线两端自相扭
绞 3 圈成麻花状

图 4-44 拉线上把绕接完成实例

3. 固定拉线上把

用螺栓将拉线抱箍抱在电杆上,然后把预制好的上把拉线环放在两片抱箍的螺孔之间,穿入螺栓,拧紧螺母固定即可,如图 4-45 所示。

4. 安装拉线绝缘子

拉线上把下端安装拉线绝缘子,具体的操作是钢绞线由绝缘子的孔中穿过,折回 1.2m 左右,形成两倍绝缘子左右长的环行,调整使其线束整齐、严密,末端采用另缠法绑扎,如图 4-46 所示。

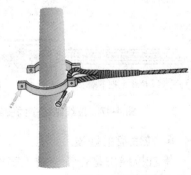

图 4-45 拉线上把的固定

注意:拉线绝缘子安装的位置与地面距离应大于 2.5m,这样的目的是,电工在杆上操作不会触及接地部分,或拉线断开后也不会触及行人。

钢绞线的上端接到拉线绝缘子上,如图 4-47 所示,采用另缠法绑扎,具体的操作同上。拉线绝缘子在选配时,要考虑绝缘子可以承受的拉力是否符合拉线的实际拉力。

5. 拉线下把与拉线环的连接

将拉线下把的一端与拉线盘的拉环连接,如图 4-48 所示,采用另缠法绑扎,具体的操作同

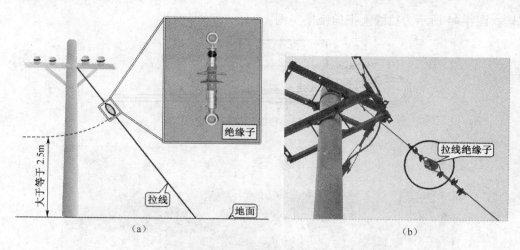

图 4-46   拉线绝缘子的安装

(a)拉线绝缘子的位置   (b)拉线绝缘子的应用实例

上。地面以下与地锚连接的拉线最小截面积不应小于 $35mm^2$,因此下把的制作可采用不超过 9 股直径为 4mm 镀锌钢绞合线。

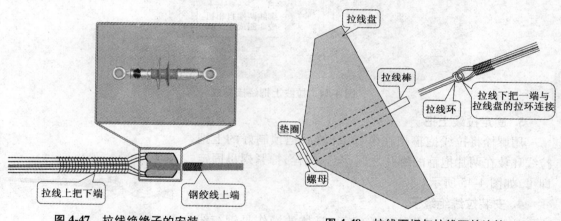

图 4-47   拉线绝缘子的安装   **图 4-48   拉线下把与拉线环的连接**

6. 拉线盘的埋设

检查拉线坑是否符合施工要求,拉线盘的埋设深度最低不应低于 1.3m ,将装好下把的拉线盘放入拉线坑内,埋设时应使下把的拉线环露出地面 50~70cm,如图 4-49 所示,并在地面上层 20~30 cm 处涂以沥青,然后分层填土夯实。

注意:泥土中含有盐碱成分较多的地方,还要从拉线棒 150mm 处起,缠绕 80mm 宽的麻袋,缠到地面以下 350mm 处,并浸透沥青,以防腐蚀,涂沥青和缠麻袋的过程都应在填土前完成。

7. 收紧拉线

最后是收紧拉线,如图 4-50 所示。将钢绞线的一端接到拉线绝缘子上,另一端插入紧线器内固定好,转动紧线器手柄将拉线拉紧,同时将钢绞线穿入下把拉环,采用另缠法绑扎,将钢绞

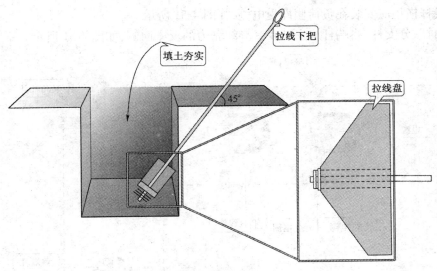

图 4-49　拉线盘的埋设

线拉紧固定。

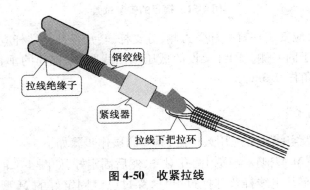

图 4-50　收紧拉线

4.2.3　横担的安装

1. 横担安装注意事项

①横担最好在地面先组装,然后与电杆整体竖起;如果电杆竖起后再安装横担,则应从电杆最上面开始安装。

②横担的上沿应装在离线杆顶 100mm 处,并应水平安装;端部上下和左右歪斜不得大于 20mm。

③在安装时,应分次交替地拧紧两侧螺栓上的螺母,使两个固定螺栓承力相等。

④在直线内,每档电杆上的横担必须互相平衡。

⑤不用的工具不要随意放置在横担上,防止落物伤人。

⑥地面人员注意杆上操作,其他人员远离作业区下方。

2. 横担的安装位置

①直线杆横担应安装在负荷侧即受电侧,如图 4-51 所示 。

②转角杆、分支杆、终端杆应安装在受导线张力的反方向侧,如图 4-51 所示。

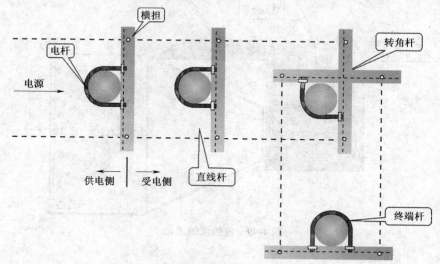

图 4-51   横担的安装位置

③单横担安装时,应安装在直线杆受力侧,分支杆、转角杆及终端杆应装于拉线侧。

④多层横担应装于同一侧。同杆架设的低压多回线路,横担间的垂直距离不应小于垂直杆 0.6m、分支杆和转角杆 0.3m。

3. 横担的安装

（1）单横担的安装

单横担的安装在架空线路上应用最广泛,具体的操作步骤如下:

①安装时,首先将 M 型抱铁与横担两孔对齐,然后固定好,如图 4-52a 所示。

②然后用 U 型抱箍从电线杆背部抱过电杆,穿过已经固定好的 M 型抱铁和横担的两孔,如图 4-52b 所示。

③最后在确定横担、M 型抱铁、电杆和 U 型抱箍已对齐后,用螺母拧紧固定。拧螺母时应交替地拧紧两侧的螺母,如图 4-52c 所示。

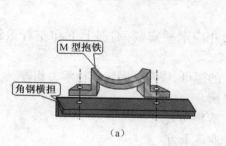

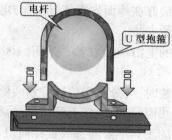

（a）   （b）

图 4-52   单横担的安装

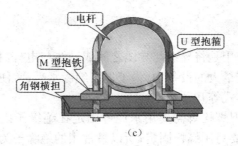

(c)

图 4-52　单横担的安装（续）

（a）将抱铁固定在横担上　（b）抱箍抱过电杆　（c）用螺母拧紧

（2）瓷横担的安装

瓷横担的安装一般用在直线杆上，瓷横担可以起到横担和瓷瓶的双重作用。瓷横担的安装方法如下：

①先用 U 型抱箍从电线杆背部抱过杆身，穿过已经固定好的角钢横担，并用螺母拧紧，如图 4-53a 所示。

②一步依次将橡胶垫、瓷横担、铁垫的孔对齐，并用螺母固定在角钢横担上，如图 4-53b 所示。

③最后，按照上面方法将瓷横担的另一端以相同方法固定在角钢横担上，如图 4-53c 所示。

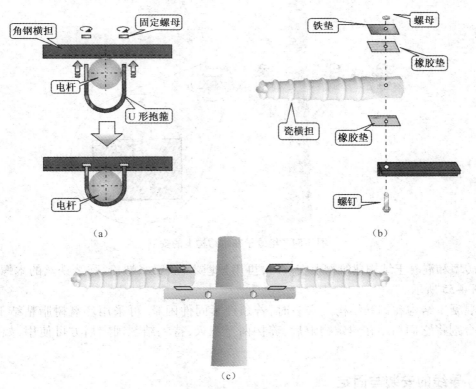

图 4-53　瓷横担的安装

（a）固定抱箍　（b）固定瓷横担　（c）安装后图

4.2.4　绝缘子的安装

绝缘子又称瓷瓶。其作用是将导线与导线之间或导线与电杆、横担之间绝缘,防止导线漏电。在一些对线路要求载流量大的设备中,为了提高绝缘水平,常使用绝缘子(瓷瓶)配线。常用的绝缘子有针式、鼓式、蝶式等几种类型。

针式绝缘子使用简便,但螺栓脚需要用水泥等固定在绝缘子内部,容易膨胀碎裂;蝶式绝缘子虽使用年限较长,但需要另用螺栓固定;所以最常用的绝缘子为鼓式绝缘子。

1. 绝缘子安装前的注意事项

①绝缘子的绝缘性能应符合厂家规定。

②安装绝缘子前应对其外观进行检查,保证瓷绝缘子与铁绝缘子结合紧密;铁绝缘子镀锌良好,螺栓与螺母配合紧密;瓷绝缘子轴光滑,无裂纹、缺釉、斑点、烧痕和气泡等缺陷。

③严禁使用硫黄浇灌的绝缘子。

2. 绝缘子的安装

按照设计施工图和注意事项进行画线定位,根据工艺要求在线路和设备的固定点凿孔,预埋紧固件。鼓式绝缘子在木结构上安装时,可用木螺钉直接固定,如图 4-54 所示。

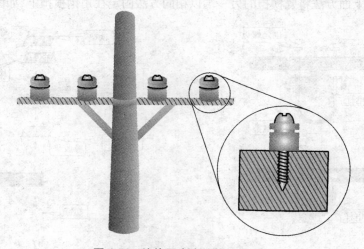

图 4-54　绝缘子在木结构上的安装

在砖墙和混凝土结构建筑物上安装时,可用预埋木椎、膨胀螺栓、弹簧铁丝的木螺钉来固定,如图 4-55 所示。

在混凝土结构和钢筋结构上安装时,若预埋紧固件困难,可采用环氧树脂粘结工艺,用强力粘合剂将它们粘结在建筑物上后,养护两至三天,待粘结剂固定后方可使用,如图 4-56 所示。

4.2.5　导线的安装与固定

在电杆上架线时,导线均采用绑扎的方法固定在绝缘子上。一些导线采用的是裸铝绞线,由于裸铝绞线的质地过软而绑扎线较硬,且绑扎时需要将导线紧固在绝缘子上,会因用力过大将铝导线磨损,因此在绑扎铝导线前需在铝绞线上包缠保护层。裸铝导线绑扎保护层时,一般包缠长度以两端各伸出绑扎处 20mm 为准。

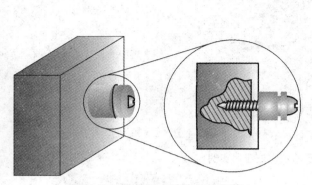

图 4-55　绝缘子在砖墙上的安装

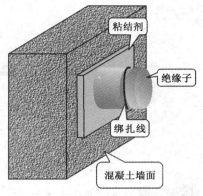

图 4-56　绝缘子在混凝土墙面上的安装

固定导线的方法主要有顶绑法和颈绑法两种。

顶绑法一般用于固定直线杆上的针式绝缘子的导线,绑扎的方法应用实例如图 4-57 所示。绑扎时将导线放入绝缘子的顶槽内,使用与导线相同材料的单股线作为绑线。

图 4-57　绝缘子的顶绑法应用实例

颈绑法是用在转角杆上的绝缘子的绑扎方法,如果直线杆的绝缘子顶槽较浅,无法采用顶绑方法时,可采用此方法绑扎导线。绑扎时将导线放入绝缘子的顶槽内,使用与导线相同材料的单股线作为绑线,绑扎方法应用实例如图 4-58 所示。

低压架空线路中的电杆架设、横担安装、绝缘子与导线连接及架设已基本完成。图 4-59 所示为横担、绝缘子以及导线在电杆上的安装实例。图 4-60 所示为低压架空线路架设完成图。

图 4-58　绝缘子的颈绑法应用实例

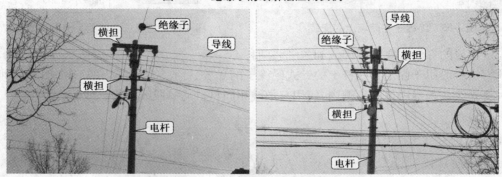

图 4-59　横担、绝缘子和导线在电杆上的安装实例

图 4-60　低压架空线路施工完成图

4.3　配电变压器的安装连接

4.3.1　配电变压器的安装

1. 配电变压器安装前的准备

目前,农村用配电变压器多指小容量 10/0.4kV 配电变压器,多采用双杆式安装方式,除对配电变压器本身安装外,还包括其配套的配电装置,如高压跌落式熔断器、避雷器等的安装,因此在对配电变压器进行安装前需要做好各项准备工作,如安装工具、材料清单、变压器性能、辅助设备等的准备和检查等。

表 4-12 所列为典型双杆式配电变压器的安装清单,安装前应根据该清单对相关设备材料进行检验,以保证安装操作的顺利进行。

表 4-12　双杆式配电变压器的安装清单

名　　称	单位	数量	名　　称	单位	数量
配电变压器	台	1	单面斜支撑(根据需要选用)	根	2
高压侧跌落式熔断器	个	3	避雷器镀锌金属横担	副	1
避雷器	个	3	变压器架台固定槽钢	根	2
高压引下线	米	20	变压器固定角铁	根	10
高压绝缘子(针式)	个	7~10	螺栓	个	14
高压引下线支架	根	2	螺母	个	22
高压引下线横担	根	1	接地引下线	米	10
高压侧跌落式熔断器安装镀锌角铁	根	2	变压器架台支撑抱箍	副	2
低压绝缘子	个	4	钢筋混凝土电杆	根	2

2. 配电变压器的安装要求

安装配电变压器一般应按照国家标准和规定执行,对其安装接线类型、匹配设备等方面都有一定要求,如图 4-61 所示。

● 配电变压器的高压引线均应使用多股绝缘导线或电力电缆,且配电变压器的高低压接线端应安装绝缘护套。

● 配电变压器的高压侧应采用跌落式高压熔断器或开关进行保护,低压侧应装设刀熔开关或自动开关保护。

● 在配电变压器高压侧应安装有避雷器,低压侧配电装置应具有防雷、过电流保护、无功补偿、剩余电流动作保护、计量、测量等功能,壳体宜采用坚固防腐材质。

3. 配电变压器的安装

配电变压器的安装方式有多种,根据目前新农村电网规划的基本要求,多采用双杆式安装方式,下面则以配电变压器的双杆式安装为例介绍具体安装步骤。

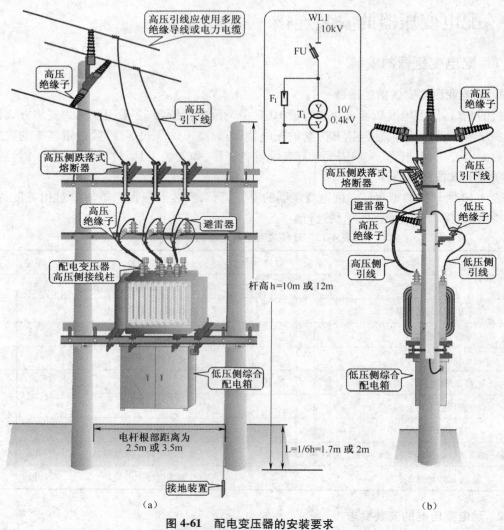

图 4-61　配电变压器的安装要求
(a)正面　(b)侧面

（1）架设电杆

安装配电变压器首先需要架设电杆,双杆式变压器安装方式需要两根混凝土电杆。一般来说,两电杆的根部距离为 2.5m 或 3.5m,两杆之间不得跨越公路、人行道、水田、水沟等。

农村输配电线路中使用电杆长度为 10m 和 12m(若在城区干道一般为 12m 和 15m),图 4-62 所示为配电变压器电杆的架设,具体操作方法参照前文关于电杆安装固定的介绍。

（2）架台的安装

两根电杆架设完毕后,下面进行配电变压器架台的安装。配电变压器架台一般用槽钢搭建,通常可将两根 3m(电杆根部距离为 2.5m 时)或 4m(电杆根部距离为 3.5m 时)的槽钢用抱箍和螺栓水平固定在两电杆上,槽钢下方距地面 3m,如图 4-63 所示。

安装槽钢时,槽钢在杆两端倾斜不大于 20mm,且槽钢最低处距地面不少于 2.5m。

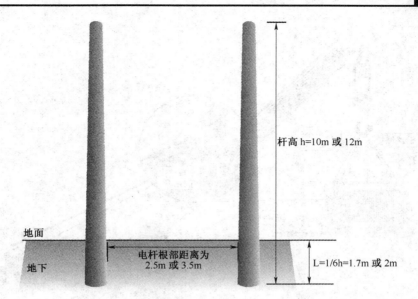

图 4-62 架设电杆

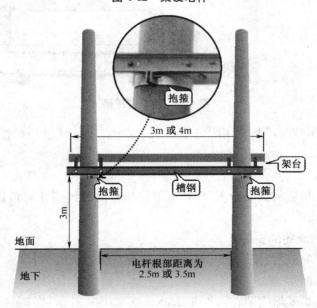

图 4-63 槽钢的安装和固定

（3）安放变压器

安装好架台后,接下来将变压器安放到架台上。该操作一般由起重工与电工配合作业,通常可根据变压器的重量,现场条件和吊距合理选择起吊机具,然后对变压器进行吊装。

吊装变压器时,索具必须检查合格,钢丝绳必须挂在变压器外壁(油箱壁)的 4 个吊耳上,这 4 个吊耳可承受油箱内装满油的变压器总重量,同时应使用油箱上的 4 个吊耳,如图 4-64 所示。

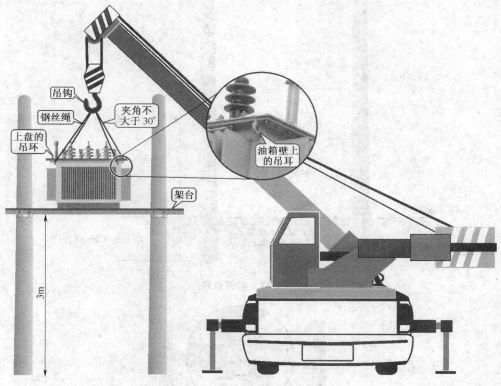

图 4-64　吊装变压器

值得注意的是,吊装时严禁使用配电变压器上盘的吊环,该吊环仅作为吊芯用,不可用于吊装整台变压器。

（4）固定变压器

变压器按照预定位置放到架台上,将其底部与架台的槽钢用 4 对角铁(镀锌铁件)和螺栓紧固,如图 4-65 所示。

4. 跌落式高压熔断器的安装

配电变压器安装完成后,接下来应对其配电装置部分进行安装,首先在配电变压器的高压侧装设跌落式高压熔断器。

一般跌落式高压熔断器安装在两根 63mm×6mm×2050mm 的镀锌角铁组装的和合担上,其底部对地面的垂直距离不得低于 4.5m,各相熔断器的水平距离不小于 0.5m,且为便于操作和熔体熔断后熔管能顺利跌落,跌落式高压熔断器的安装轴线应与竖直线成 8.5°~17°角,如图 4-66 所示。

值得注意的是,跌落式高压熔断器的熔体按配电变压器内部的高、低压出线发生短路时能迅速熔断的原则进行选择,熔体的熔断时间必须小于或等于 0.1s。通常,配电变压器容量在 100kVA 及以下时,跌落式高压熔断器的熔体额定电流按变压器高压侧额定电流的 2~3 倍选择;变压器容量在 100kVA 以上时,跌落式高压熔断器的熔体额定电流按变压器高压侧额定电

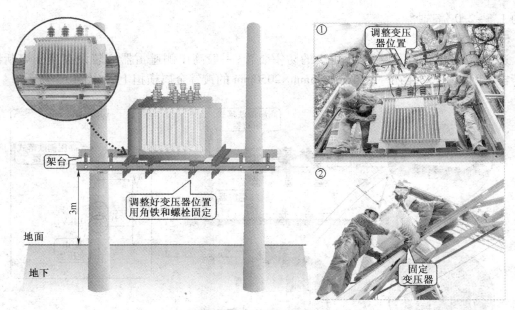

图 4-65　变压器的固定

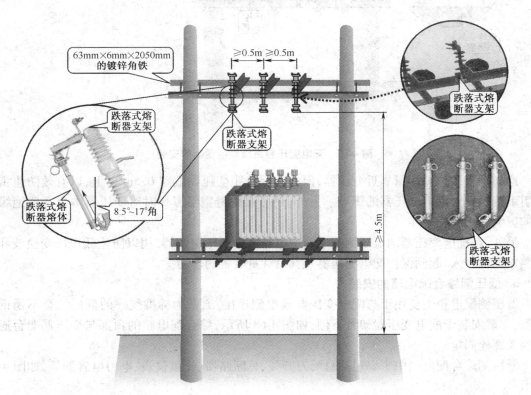

图 4-66　跌落式高压熔断器的安装

流的 1.5~2.0 倍选择。

5. 避雷器的安装

避雷器是配电变压器中必不可少的防雷装置,一般高压侧避雷器应装设在高压熔断器与变压器之间,通常安装在一根 63mm×6mm×2050mm 的镀锌金属横担上,如图 4-67 所示。

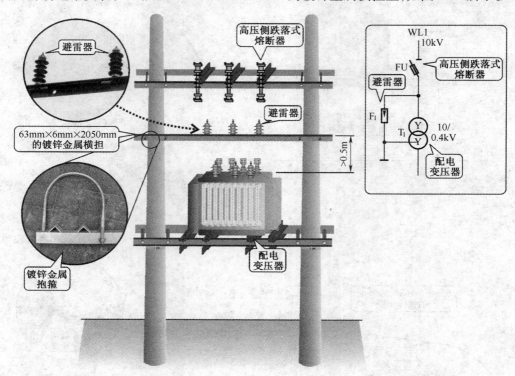

图 4-67　配电变压器高压侧避雷器的安装

避雷器安装位置尽量靠近变压器,但必须保持距变压器端盖 0.5m 以上,以有效防止雷击时引下线电感对配电变压器的影响。另外,还可避免避雷器爆炸时对变压器本身及瓷绝缘套管的影响。

另外,在配电变压器的低压侧配电箱中也需装设低压避雷器,用以防止低压反变换波和低压侧雷电波侵入,起到保护配电变压器及其总计量装置的作用。

6. 低压侧综合配电箱的安装

低压侧配电箱主要用于与配电变压器输出侧连接,通常为标准统一的低压综合不锈钢配电箱,一般安装于配电变压器架台下侧,如图 4-68 所示,综合配电箱的顶部与变压器架台通过角铁及螺栓固定。

低压侧综合配电箱中主要包括总闸刀开关、总断路器、计量仪表、电力电容器等,如图 4-69 所示。

7. 接地装置的安装

接地装置是配电变压器安装中的重要防护装置。目前,农村输配电线路中将避雷器的接

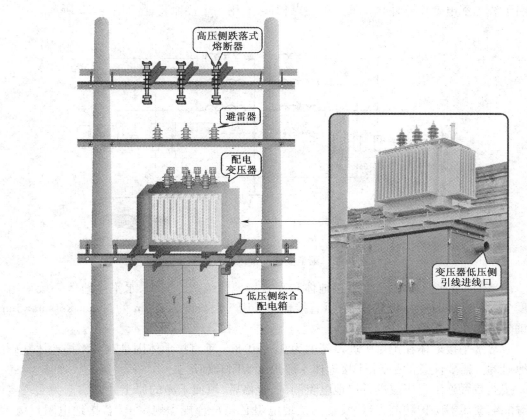

图 4-68　低压侧综合配电箱的安装

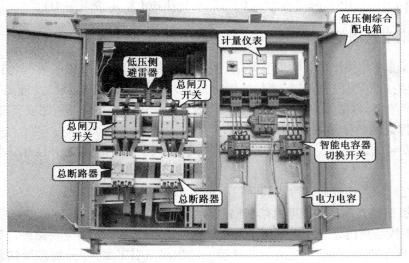

图 4-69　配电变压器低压侧综合配电箱中的主要部件

地引下线与配电变压器外壳及低压中性点相连,共用一个接地装置,如图 4-70 所示。

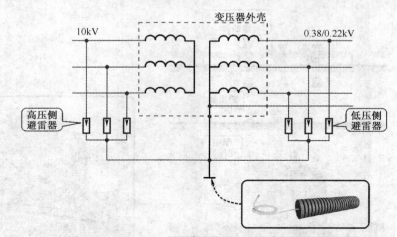

图 4-70　配电变压器接地装置的安装方式

接地装置的地下部分由水平接地体和垂直接地体组成。其中,水平接地体一般采用 4 根长度为 5m 的 40mm×4mm 的扁钢,垂直接地体采用 5 根长度为 2.5m 的 50mm×50mm×5mm 的角钢分别与水平接地,每隔 5m 焊接一处。

通常水平接地体在土壤中埋设深度为 0.6~0.8m,垂直接地体则是在水平接地体基础上埋入地里的。需要注意的是,水平接地体一般敷设为闭合环形。

接地装置施工完毕应进行接地电阻测试,合格后,填回干净的原土并夯实。为实现接地装置对配电变压器防护功能,接地装置的接地电阻必须符合规程规定值,若接地电阻过大,则电流不能迅速泄入大地,引起变压器烧毁事故,一般对 10kV 配电变压器容量在 100kVA 及以下,其接地电阻不应大于 10Ω;容量在 100kVA 以上,其接地电阻不应大于 4Ω。

4.3.2　配电变压器的连接

配电变压器及相关配电装置安装好后,接下来需要使用相应规格的导线将这些装置进行连接,其连接关系及需要进行连接部位如图 4-71 所示,配电变压器接线柱功能如图 4-72 所示。

值得注意的是,容量在 100kVA 以上的变压器,一般还需要在高低压侧安装隔离开关。

1. 避雷器之间的接线

避雷器安装完成后,需将其两两之间进行连接,再与接地装置引线相连接,如图 4-73 所示。

避雷器之间的连接线通常为横截面积不小于 $25mm^2$ 的多股铜芯塑料线。

2. 高压引下线与高压侧跌落式熔断器的接线

高压引下线是指由架空线引下用于连接配电变压器的线路。架空线路经过配电变压器电杆,由高压绝缘子进行支撑,此时由架空线引下三相高压引下线,并分别连接到跌落式熔断器上端,如图 4-74 所示。

高压引下线连接在架空线上,由于架空线一般为钢芯铝绞线,高压引线多为铜芯导线,其进行连接时宜采用铜铝线夹连接。

　　连接高压引下线时应注意,高压引下线间的距离在引线处不小于 300mm,高压引下线与抱箍、掌铁、电杆、变压器外壳等距离不应小于 200mm。

　　高压引下线均采用多股绝缘线,其截面应按变压器的额定容量选择,通常高压侧引下线铜芯不应小于 $16mm^2$,铝芯不应小于 $25mm^2$,禁止使用单股导线及不合格导线。

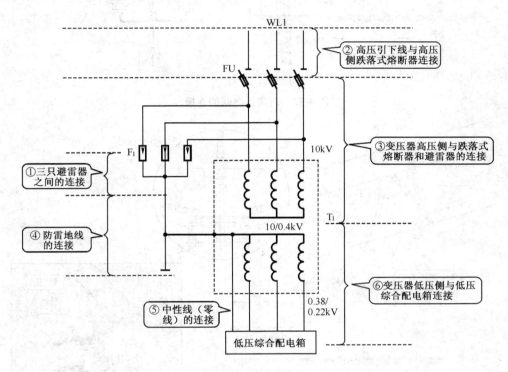

图 4-71　典型配电变压器的连接关系及连接部位

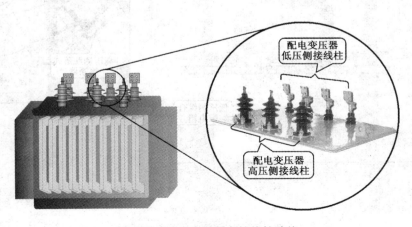

图 4-72　配电变压器各接线柱功能

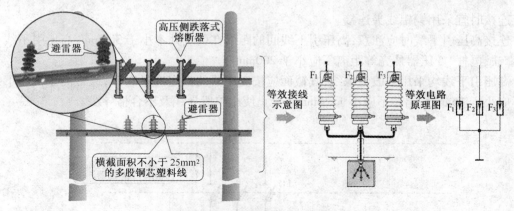

图 4-73　避雷器之间的连接

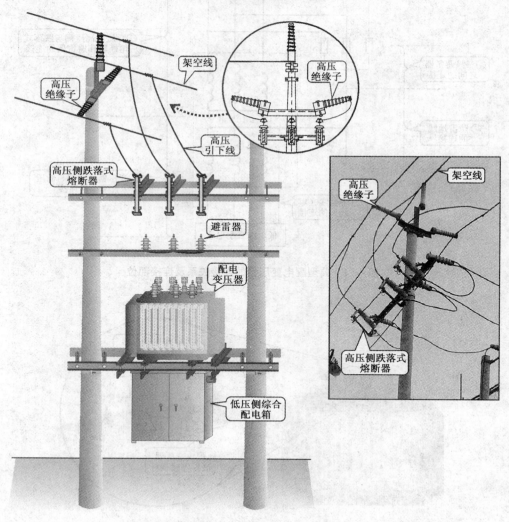

图 4-74　高压引下线与高压侧跌落式熔断器的接线

3. 配电变压器高压侧与跌落式熔断器、避雷器的接线

跌落式熔断器的出线与配电变压器的高压侧及避雷器进行连接,如图 4-75 所示,高压引下线经高压绝缘子后,分别与配电变压器高压侧接线柱连接,避雷器一端也与配电变压器高压侧接线柱连接。

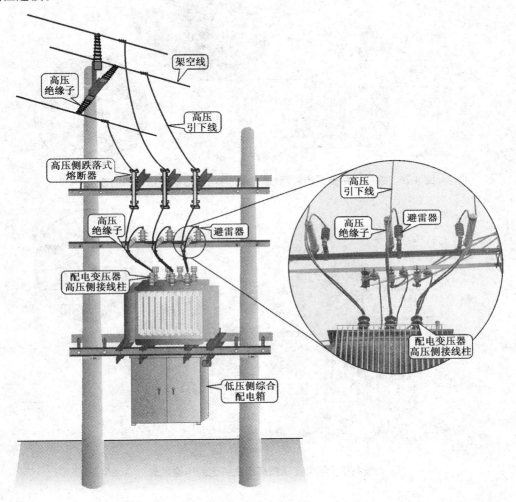

图 4-75　高压引下线经跌落式熔断器后与避雷器的接线

连接时跌落式熔断器出线应压接铜线耳或铜铝线耳再与变压器高压柱头进行连接,如图 4-76 所示。

值得注意的是,在连接好引线后,需要在变压器的高压柱头接线部分加装绝缘护套,用以防止树枝等异物搭接或小动物爬行造成相间短路,如图 4-77 所示。

配电变压器高压侧绝缘护套为红、黄、绿三种颜色,分为对应三相引线。绝缘护套一般采用合成硅橡胶高温硫化而成,具有永不变形、耐紫外线、高疏水性、耐老化、耐高低温、良好的绝缘性能等特点,且绝缘护套采用扣接结构,使其安装、拆装方便,也可重复使用,满足户外长期

图 4-76   跌落式熔断器出线压接铜铝线耳与变压器高压柱头的连接

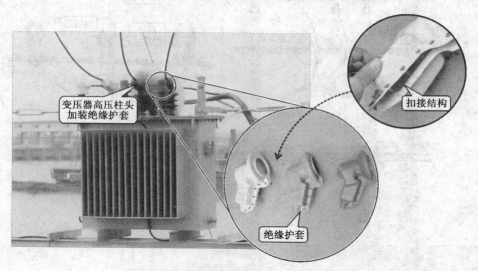

图 4-77   配电变压器高压柱头上的绝缘护套

运行。

4. 配电变压器防雷地线的接线

为避免雷击电流作用在变压器绝缘上,需要将避雷器的接地端、变压器的外壳及低压侧的中性点均用横截面积不小于 $25mm^2$ 的多股铜芯塑料线进行连接,然后引至接地装置上,起到防雷保护作用。

图 4-78 所示为配电变压器的防雷地线,一般在地面上方的引线部分称为接地引上线,多采用 $40mm \times 4mm$ 扁钢,为了检测方便和用电安全,引上线连接点应设在变压器底下的槽钢位置。

值得注意的是,变压器外壳必须保证良好接地,一般可将其外壳与防雷地线间用螺栓拧紧,不可焊接,以便检修。

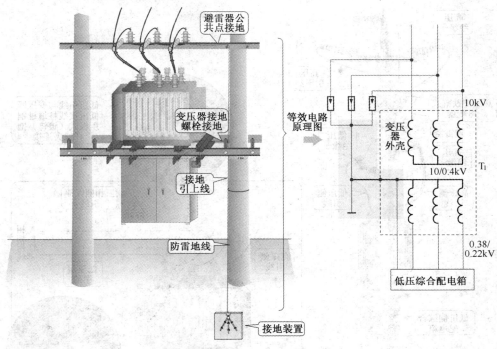

图 4-78　配电变压器的防雷地线

5. 配电变压器零线的引出

配电变压器低压侧输出多为三相四线制,即三条相线,一条零线,用于与后极负载连接。三条相线由变压器次级绕组引出,零线则由配电变压器次级绕组的中性点引出,其电路原理如图 4-79 所示。

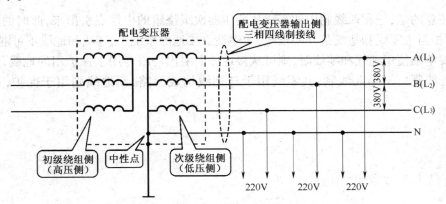

图 4-79　三相四线制零线引出原理图

零线与另外三相中任何一相之间均可构成 220V 供电,一般用于农户的照明系统及家用电器设备供电;三根相线之间任意两相可构成 380V 供电,可用于动力线路的供电。图 4-80 所示为配电变压器低压侧三相四线制线路引出示意图。

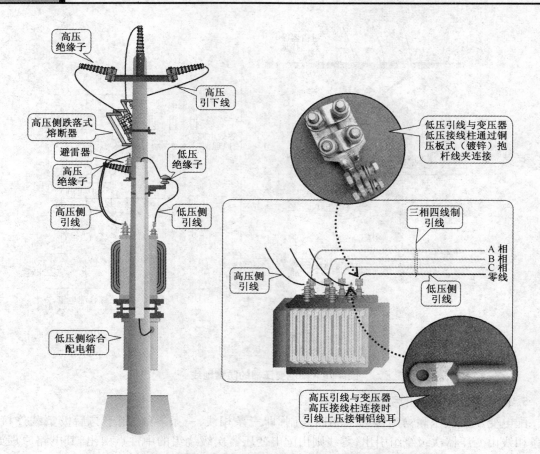

图 4-80 配电变压器低压侧三相四线制线路引出示意图

需要注意的是，三相四线制中的零线从变压器次级绕组的中性点引出来，此时的零线必须接地，因此相当于零线和地线是同一根线，非中性点接地的系统里，零线和地线不可混为一谈。

若需要单独使用地线和零线时，则可从接地体上引出一根专用于保护用的地线，这样便构成了三相五线制。不论几线制，其零线用于与相线构成回路，而地线则用于保护，不可构成回路。

第 5 章 农村家庭供配电系统的安装技能

5.1 农村家庭供配电系统的设计规划

5.1.1 农村家庭供配电系统的组成

农村家庭供配电系统主要是由接户线、配电箱、配电盘、照明灯具、开关、插座等构成,图 5-1 所示为典型农村家庭的供配电系统。

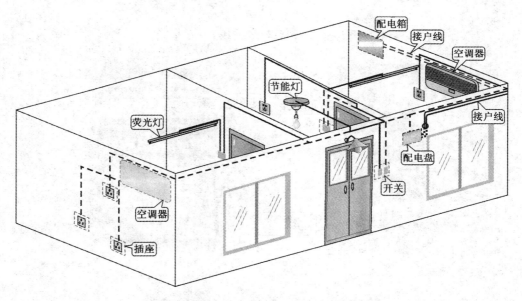

图 5-1 农村家庭供配电系统的组成

1. 接户线

接户线是指将低压架空线输送的电能通过一定的线路连接到用户家中,为农村家庭供电,如图 5-2 所示。

2. 配电箱

配电箱是每个农户供配电的基本设备,配电箱里安装的器件主要有电能表、断路器,其中电能表是用来计量用电量的,配电箱中的断路器(空气开关或闸刀开关和漏电保护器)位于主干供电线路上,对主干供电线路上的电力进行控制、保护,也可称为总开关,图 5-3 所示为典型农村家庭配电箱。

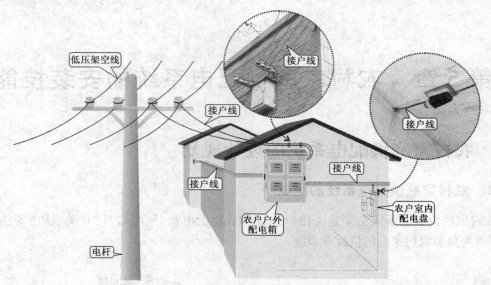

图 5-2　接户线

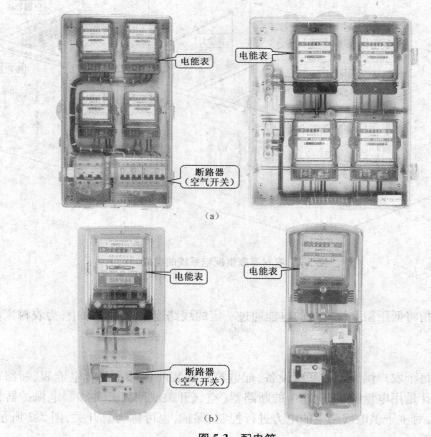

（a）

图 5-3　配电箱

（a）多家农户共用配电箱　（b）单农户配电箱

农村家庭配电箱主要有多家农户共用配电箱和单农户配电箱两种形式。用户配电箱内采用的是单相接线方式的电能表、空气开关或漏电保护器、闸刀开关,当需要对农户配电箱进行安装时应根据需要合理地选配配电箱的结构和内部的器件。

3. 配电盘

配电箱将单相交流电引入住户后,需要经过配电盘对室内用电进行控制。在农村家庭供配电系统中,配电盘主要采用简易形式,通常采用闸刀开关与漏电保护器配合使用安装在绝缘木板上,实现总供电线路的开启控制以及漏电保护控制,如图 5-4 所示。其中闸刀开关用于接通或断开供配电线路,漏电保护器则是一种低压安全保护器件,是对低压电网中直接和间接触电的一种有效保护,对防止触电伤亡事故、避免因漏电而引起的火灾事故具有明显的效果。

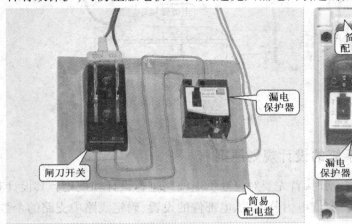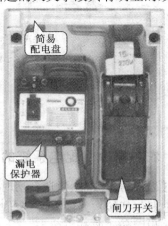

图 5-4　配电盘

4. 照明灯具及开关

照明灯具是用于为农户提供光源的器件,开关是用于控制灯具通断的器件。在农村家庭供配电系统中,常用的照明灯具主要有节能灯和荧光灯,常用的开关主要有明装开关和暗装开关,如图 5-5 所示。

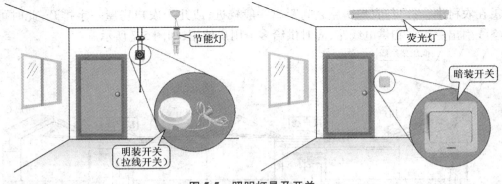

图 5-5　照明灯具及开关

5. 插座

插座是用于为各种家用电器设备提供电力的器件。在农村家庭供配电系统中,常用的插座主要有明装插座和暗装插座两种,如图 5-6 所示。

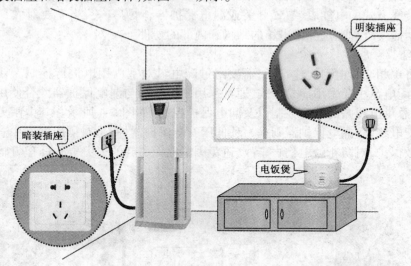

图 5-6　插座

5.1.2　农村家庭供配电系统的设计规划原则

农村进行房屋改造、建造新房时,首先要对家庭供电线路进行设计和规划。其设计和规划的内容主要包括接户线的分配、家庭电力分配、供电部件的设置、确定线路中支路的个数,端子定位及对相应的线路敷设等。

农村家庭供配电线路的设计就是要根据实际情况,按照设计规划原则完成对农村家庭供配电线路设计规划方案的制定,这一项工作在农村家庭装修的总体设计规划中非常重要。

1. 农村家庭接户线的设计规划原则

根据农村房屋建筑的特点以及村户与村户院落的位置关系,需合理设计和规划出接户线的连接方式。

①在农村中,农户与农户房屋之间距离一般较近,或几个农户房屋一字排开,此时可从低压架空线引出一组单相供电线路,同时供给多个用户使用,如图 5-7 所示。

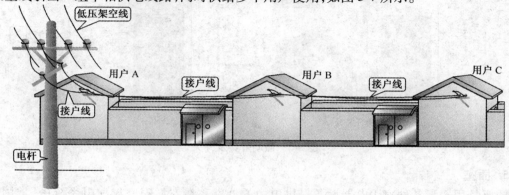

图 5-7　接户线的规划图一

　　②接户线的安装连接中,若需要跨越马路或接户线间距超过 25 m 时,应加装接户杆,如图 5-8 所示。

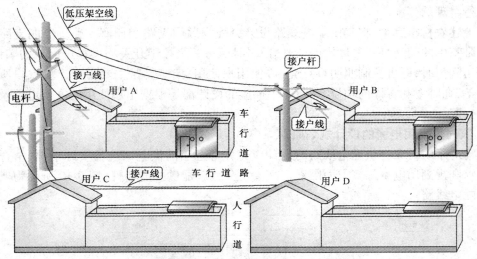

图 5-8　接户线的规划图二

2. 农村家庭电力分配的设计规划原则

　　在农村家庭配电线路中,电力(功率)的分配通常是根据农户的需要及农户家用电器的用电量进行设计的,每个房间内设有的电力部件均在方便用户使用的前提下进行选择,因此,对电力进行合理的分配能够保证用电安全,同时也为用户日常使用带来方便,图 5-9 所示为典型农村家庭供配电线路的电力分配。

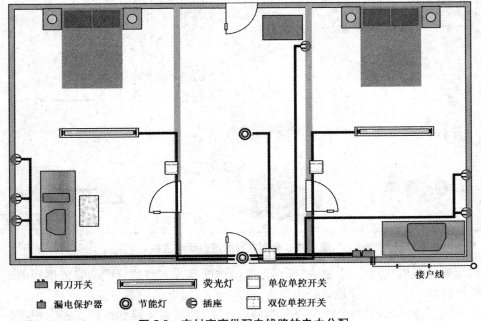

图 5-9　农村家庭供配电线路的电力分配

在设计配电盘支路的时候,没有固定的原则,可以一间房构成一个支路,也可以根据家用电器使用功率构成支路。但要根据农户的需要并遵循科学的设计原则对每一个支路上的电力设备进行合理的分配。

在上述农村家庭中,将其供配电线路设计分配为照明支路和插座支路。照明支路主要包括两个卧室中的荧光灯和客厅内的荧光灯及门灯,每一个控制开关均设在进门口的墙面上,农户打开房间门时,即可控制照明灯点亮,方便用户使用;插座支路主要用于连接农户所使用的电器设备,在卧室和客厅内均设有,每一个插座的设计都是根据用户使用的家用电器及用户需要进行分配。

3. 农村家庭用电量的设计规划原则

通常对于农村家庭供配电线路的设计应充分考虑当前供电系统的实际情况,结合农户的用电需求和规划用电量等多方面因素,合理、安全地选配供配电器件,图 5-10 所示为典型农村家庭供配电线路。

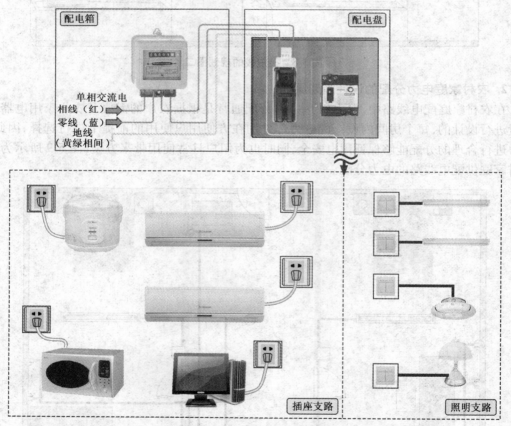

图 5-10　典型农村家庭供配电线路

农村家庭供配电线路中,电能表、断路器等的选配及各支路的分配均需依据用电量进行设计,根据计算出的用电量合理地选择电能表、闸刀开关、漏电保护器等部件。

如在上述家庭供配电线路中,主要分为两条支路,即照明支路和插座支路。根据各支路所使用的家用电器计算出各支路的总用电量,然后再根据公式计算出该农户的总用电量,即可对电能表、闸刀开关和漏电保护器等进行选配。

4. 农村家庭配线的设计规划原则

在农村家庭供配电线路中,导线是电力传输的重要介质,导线的质量、参数直接影响着室内的供电,因此,合理地选配导线在农村家庭供配电线路的设计中尤为重要。

①在设计、安装室外配电箱时,一定要选择载流量大于等于实际电流量的绝缘线(硬铜线),不能采用花线或软线(护套线),暗敷在管内的电线不能采用有接头的电线,必须是一根完整的电线。

②若设计、安装配电盘采用暗敷时,一定要选择载流量大于等于该支路实际电流量的绝缘线(硬铜线),不能采用花线或软线(护套线),更不能使暗敷护管中出现电线缠绕连接的接头;采用明敷的时候,可以选用软线(护套线)和绝缘线(硬铜线),但是不允许电线暴露在空气中,一定要使用敷设管或敷设槽。

③在配电线路中,所使用的导线颜色应该保持一致。根据电工作业规范,相线使用红色导线,零线使用蓝色导线,地线使用黄绿色导线。

5. 农村家庭供配电线路的安全设计规划原则

在农村家庭供配电线路的设计中,要特别注意设计应符合安全要求,保证配电设备安全、电器设备安全及用户的使用安全。

①首先在规划设计农村家庭配电线路时,家用电器的总用电量不应超过配电箱内总电能表、配电盘内闸刀开关和漏电保护器的负荷,以免出现频繁掉闸、烧坏配电器件。

②在进行电力器件分配时,插座、开关等也要满足用电的需求,若选择的电力器件额定电流过小,使用时会烧坏电力器件。

③在进行农村家庭供配电线路的安装连接时,应根据安装原则进行正确的安装和连接,同时应注意配电箱和配电盘内的导线不能外露,以免造成触电事故。

④选配的电能表、闸刀开关、漏电保护器和导线应满足用电需求,防止掉闸、损坏器件或家用电器等事故的出现。

⑤在对线路的连接过程中,应注意对电源线进行分色,不能所有的电源线只用一种颜色,以免对检修造成不便。按照规定火线通常使用红色线,零线通常使用蓝色或黑色线,接地线通常使用黄色或绿色线。

5.2 农村家庭供配电系统的安装

5.2.1 接户线的安装连接

接户线是指从低压架空线的电杆到用户屋外,再由屋外送入室内的一段引线,如图 5-11 所示。

1. 接户线安装连接要求

①接户线从电杆上引下至第一支持点间距不宜大于 25m,线间距离为 150mm。沿墙敷设时,固定档距小于 6m 时,线间距为 100mm;固定档距在 6m 及以上时,线间距离为 150mm。

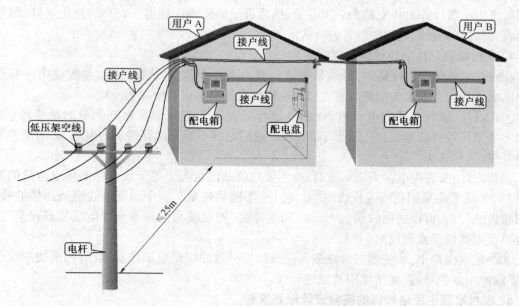

图 5-11　接户线的构成

②接户线应使用绝缘线,并根据实际应用选用合适的材料和截面积。常见接户线的最小截面积见表 5-1。

表 5-1　接户线的最小截面积

接户线架设方式	档距(m)	最小截面积(mm²)	
		铜芯绝缘线	铝芯绝缘线
由电杆引下	10 及以下	2.5	4.0
	10~25	4.0	6.0
沿墙敷设	6 及以下	2.5	4.0

③接户线与建筑物之间的最小距离见表 5-2。

表 5-2　接户线与建筑物间的最小距离

接户线接近建筑物的部位	最小距离(m)
至通车道路中心的垂直距离	6
至人行道路(胡同)中心的垂直距离	3
至屋顶的垂直距离	2
至窗户或阳台的水平距离	0.3
在窗户以上	0.75
至窗户或阳台以下	0.8
至树木之间的距离	0.6
至墙壁之间的距离	0.05

④接户线不允许跨越建筑物;若必须跨越建筑物,接户导线最大弧垂距建筑物的垂直距离应不小于 2.5m。

⑤接户线与其他架空线路及金属管道交叉或接近时的最小允许距离应不小于表 5-3 所列数值,在实际安装和施工过程中可参考表中的数据。

表 5-3　接户线与其他架空线路及金属管道交叉或接近时的最小允许距离　　　(mm)

接户线与其他架空线路及金属管道交叉部位	最小距离
与架空管道、金属体交叉时	500
接户线在最大风偏时,与烟囱、拉线、电杆等的距离	200
接户线与弱电用户线的水平距离	600
与其他架空线和弱电线路交叉时,应架设在下方	600

⑥有些用户中需使用 380V 的动力电压,动力用户的接户线一般采用三相四线制。用户照明线不超过 30A 的应采用单相接户线。

⑦材料、规格不同的接户线,不应在档距内连接。跨越通车街道的接户线应尽量无接头。绝缘导线的接头必须用绝缘胶布包扎。

⑧接户线安装时应从低电压电杆上引线,不允许在线路的架空中间接线。

⑨接户线与架空线连接处应进行绝缘处理。

⑩接户线的引接端和接用户端应根据导线的拉力情况选用合适绝缘子。例如,导线截面积为 $16mm^2$ 以下采用针式绝缘子;导线横截面积在 $16mm^2$ 以上宜采用蝶式绝缘子。

⑪接户线用户端用横担应按实际应用选用适当的规格。表 5-4 所列为接户线用户端常用横担的规格尺寸。

表 5-4　接户线用户端常用横担的规格尺寸　　　(mm)

导线根数	两根	三根	四根	五根	六根
角钢规格	50×50×5			63×63×6	
横担支架长度	600	800	1100	1400	1700
绝缘子固定间距	400	300			

2. 接户线的安装连接

(1)接户线引线端的安装连接

接户线引线端的安装连接是指接户线在电杆顶端的连接,常见的方法主要有平行横担连接、专用铁架连接、直接连接和专用绝缘子连接等。

①由平行横担引下接户线的方法是指在架空电杆上安装一根与架空线横担平行的横担,并将低压架空线经平行横担引下到接户线,如图 5-12 所示。这种连接方式是接户线的正常引下方式。

②由专用铁架引下接户线的方法。专用铁架也

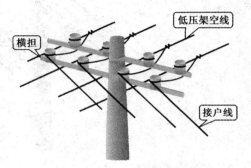

图 5-12　由平行横担引下接户线

叫小横担,一般可安装在架空线横担的端部,也可与架空线横担成一定角度固定的电杆上,如图 5-13 所示。

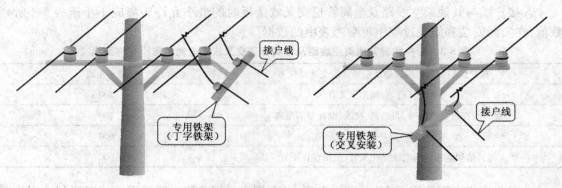

图 5-13　由专用铁架引下接户线

　　③直接引下接户线的方法是指接户线经架空线路绝缘子直接引下,如图 5-14 所示。通常适用于在小街巷引下照明线。

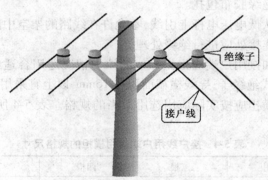

图 5-14　接户线的直接引下方法

　　④由专用绝缘子引下接户线的方法。将专用绝缘子用拉板固定在原线路绝缘子的铁脚上,或固定在原线路中横担上的方法,如图 5-15 所示,这种方法也适宜小街巷中照明线路的引下。

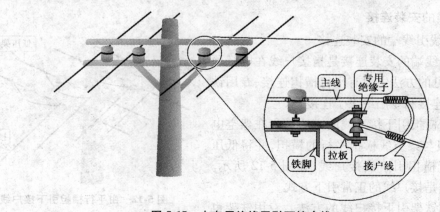

图 5-15　由专用绝缘子引下接户线

（2）接户线用户端的安装

常见的接户线用户端的安装连接方法有三种：两线接户线安装、垂直墙面的四线接户线安装、平行墙面的四线接户线安装，如图 5-16 所示。

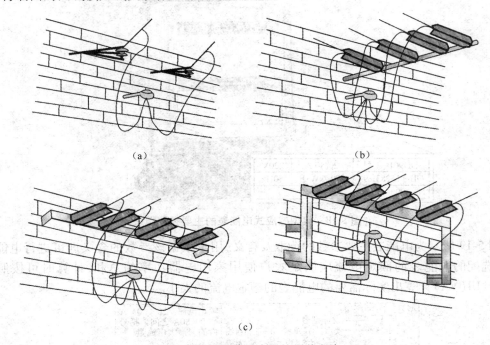

（a）

（b）

（c）

图 5-16　接户线用户端的安装方法

（a）两线接户线　（b）平行墙面的四线接户线　（c）垂直墙面的四线接户线

5.2.2　电能表的安装连接

电能表也称为电度表、火表，是用来计量用电量的器件，有三相电能表和单相电能表之分。农村家庭供配电电路为单相供电，因此使用的电能表为单相电能表，图 5-17 所示为典型单相电能表的实物外形。

感应式电能表　　电子式电能表　　智能化电能表

图 5-17　典型单相电能表的实物外形

1. 电能表安装前的准备工作

在进行电能表的安装前，应根据用户用电需要选配适合的电能表。选配时可依据电能表上标有的参数进行,每种电能表的型号和主要参数的标识基本是一致的,图5-18所示为典型感应式电能表的主要参数标识,该电能表上标识有型号、额定电流、额定电压、额定频率等。

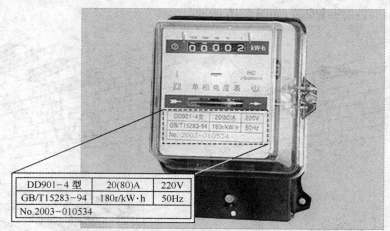

DD901-4型	20(80)A	220V
GB/T15283-94	180r/kW·h	50Hz
No.2003-010534		

图5-18　典型感应式电能表的主要参数标识

图5-19所示为电能表主要参数的读取及含义,用户根据该参数的含义即可进行电能表的选配,选配的电能表的额定电流应满足农户使用家用电器功率的总和,计算时可按照公式P(W)=UI(VA)计算出实际需要的电能表的额定电流的大小。

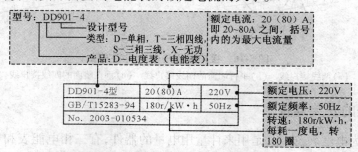

图5-19　电能表主要参数的读取及含义

功率计算公式P(W)=UI(VA)中,"P"表示电功率,单位为瓦,用字母"W"表示;"U"表示额定电压,单位为伏特,用字母"V"表示;"I"表示额定电流,单位为安培,用字母"A"表示。若该用户的用电总功率为6 000W,额定电压为220V,那么就可根据P(W)=UI(VA)计算出额定电流I=P/U=6 000W/220V≈28A,因此选用电能表时,其电能表的额定电流应大于28A。

2. 电能表的安装

电能表通常安装在用户房屋外墙体的配电箱内,在该配电箱内安装有多个电能表,分别用来计量各用户的用电量,如图5-20所示。

①将配电箱安装固定到用户房屋外墙体上,其安装高度一般不得低于1.4m,如图5-21所示,在安装墙面上与配电箱安装孔对应的位置处使用电钻工具钻4个安装孔,钻孔完成后,使用固定螺钉将配电箱固定在墙面上。

②配电箱固定完成后,将绝缘木板安装固定在配电箱内,然后将其各用户的电能表排列固

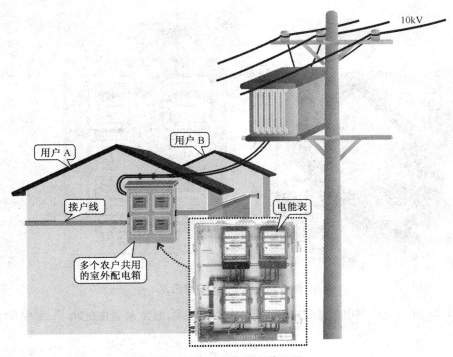

图 5-20　电能表的安装位置

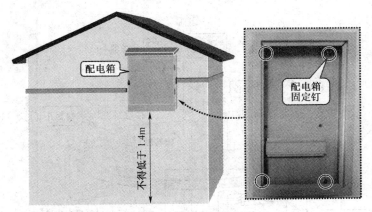

图 5-21　安装固定配电箱

定安装在绝缘木板上,如图 5-22 所示。安装电能表时应垂直,不能倾斜,电能表的允许偏差倾斜角度不得超过 2°,若倾斜角度超过 5°,则会造成 10%的误差。

3. 电能表的接线

　　电能表的内部主要是由检测用电量的装置和数字显示装置组成,常见的电能表内是由线圈圆盘组成的。电流越大,圆盘的旋转越快,从而达到计量电能的目的。阻尼电磁铁产生的磁场对圆盘有阻尼作用,消除与圆盘的旋转惯性。转盘上所设的蠕变孔有制动作用,当电流为零时,圆盘静止,减小计量误差。不同的家用单相电能表上都会有标识,可以根据标识对电能表的接线端子进行识别。

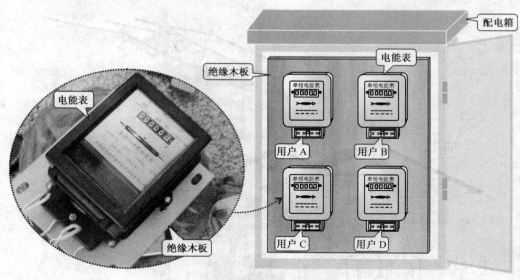

图 5-22　电能表的安装固定

①图 5-23 所示为典型电能表的内部结构及接线方式,通常家庭供配电系统中所使用的

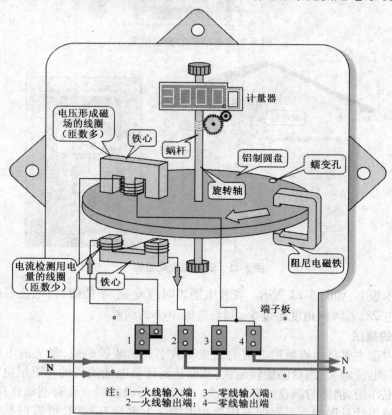

注:1—火线输入端;3—零线输入端;
2—火线输出端;4—零线输出端

图 5-23　典型电能表的内部结构及接线方式

单相电能表具有 4 个接线端子,其中端子 1 为火线输入端,端子 2 为火线输出端,端子 3 为零线输入端,端子 4 为零线输出端。

②将外部供电送来的单相交流电的火线接入各用户电能表的火线输入端 1(L),零线接入零线输入端 3(N),然后将各用户电能表的火线输出端 2(L)和零线输出端 4(N)引出的火线和零线分别送入各用户室内的配电盘上,如图 5-24 所示。

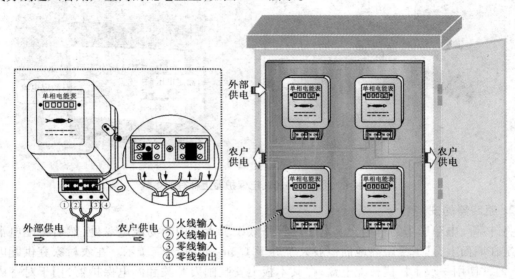

图 5-24　电能表的接线

③至此电能表的安装接线操作便完成了。值得注意的是,连接电能表时,要注意电能表上的标识和电线使用的颜色,即火线使用红色、绿色或黄色,零线使用蓝色,并且相线颜色一定要一致,不要出现多种颜色同时使用的情况。接线处一定要牢靠,如果连接不牢,接点会产生很大的热量,还会产生火花等危险情况。

5.2.3　断路器的安装连接

断路器是具有过电流保护功能的开关,如果电流过大,断路器会自动断开,起到保护电能表及用电设备的作用。常见的断路器种类有很多,如传统的闸刀开关(开启式负荷开关)、新型的空气开关和漏电保护器等,如图 5-25 所示。

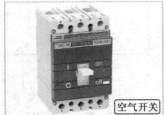
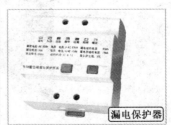

图 5-25　断路器的实物外形

1. 断路器安装前的准备工作

在进行断路器的安装前,应首先根据用户用电需要选配适合于用户的闸刀开关和漏电保护器,选配时可依据闸刀开关和漏电保护器上标有的参数进行,如在其器件的表面均标有该器件的额定电压、额定电流等相关参数,如图 5-26 所示。

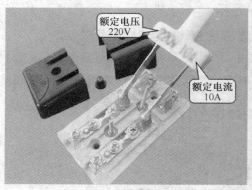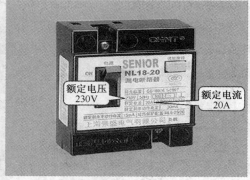

图 5-26　闸刀开关和漏电保护器上标有的参数

2. 断路器的安装

将外部配电箱送来的单相交流电通过管路敷设引入室内简易配电盘处,然后将配电盘安装固定在墙面上,其下沿距离地面一般大于等于 1.3m,如图 5-27 所示。在农村家庭供配电系统中,通常使用一块木板代替配电盘,在其木板上安装闸刀开关和漏电保护器,用于对室内的用电设备进行供电控制。

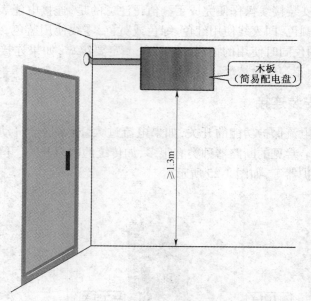

图 5-27　配电盘的安装

①配电盘安装完成后,即可进行闸刀开关和漏电保护器的安装。如图 5-28 所示,向下拉动

闸刀开关下端的绝缘外壳,松开卡扣,然后将其打开。

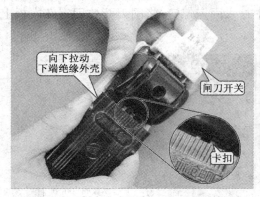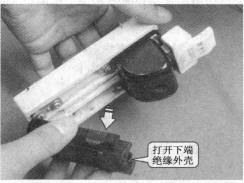

图 5-28 打开下端绝缘外壳

②使用合适的旋具拧松闸刀开关上端绝缘外壳的固定螺钉,然后将其取下,如图 5-29 所示。

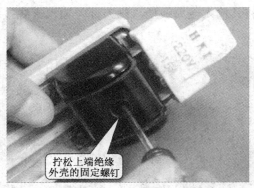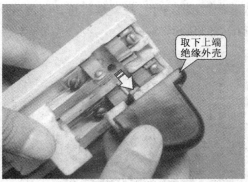

图 5-29 取下上端绝缘外壳

③将闸刀开关的绝缘外壳取下后,即可看到其内部结构,如图 5-30 所示。上端和下端固定孔用于将闸刀开关固定到固定板上;输入火线和零线接线端子用于连接由外部配电箱引入的导线;输出火线和零线接线端子用于连接与漏电保护器输入端子连接的导线。

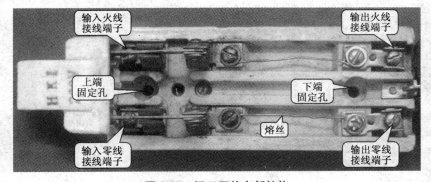

图 5-30 闸刀开关内部结构

④将闸刀开关放置在木板的安装位置上,其上端和下端固定孔分别与木板上的固定孔相对应,然后使用旋具在其固定孔与木板固定孔中拧入固定螺钉,将闸刀开关固定在木板上,如图 5-31 所示。

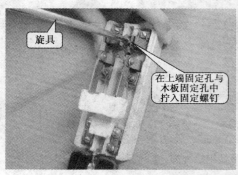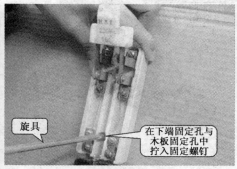

图 5-31　固定闸刀开关

⑤闸刀开关固定完成后,即可进行导线的连接,如图 5-32 所示。将输入端零线插入闸刀开关输入零线接线端子内,拧紧螺钉将其固定,再将其输入端火线插入闸刀开关输入火线接线端子内,拧紧螺钉将其固定。

图 5-32　连接输入端导线

⑥使用同样的方法将输出端导线连接固定在闸刀开关的输出端接线端子上,如图 5-33 所示。

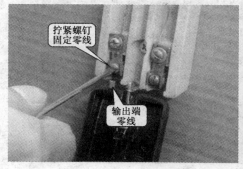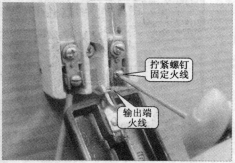

图 5-33　连接输出端导线

⑦闸刀开关接线完成后,盖上上端绝缘外壳,拧紧固定螺钉,将其固定在闸刀开关的底座上,如图 5-34 所示。

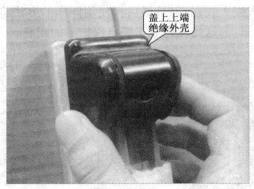

图 5-34　固定上端绝缘外壳

⑧向上扳动闸刀手柄,将其下端绝缘外壳扣在闸刀开关的底座上,如图 5-35 所示。

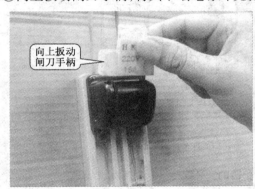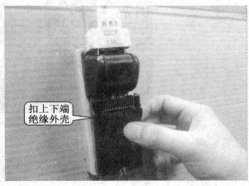

图 5-35　扣上下端绝缘外壳

⑨至此便完成了闸刀开关的安装操作,如图 5-36 所示。

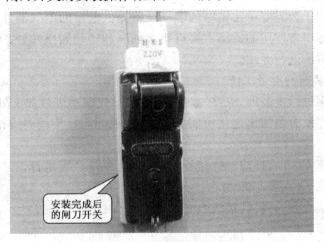

图 5-36　闸刀开关安装完成图

⑩接下来就要对其漏电保护器进行安装连接了,如图 5-37 所示。使用固定螺钉将漏电保护器安装固定位于闸刀开关右侧的木板上,然后将其由闸刀开关输出端引出的零线连接在漏电保护器的输入端零线端子内,火线连接在输入端火线端子内,最后再使用同样的方法将输出端导线连接固定在漏电保护器的输出端接线端子上,这样便完成了漏电保护器的安装。

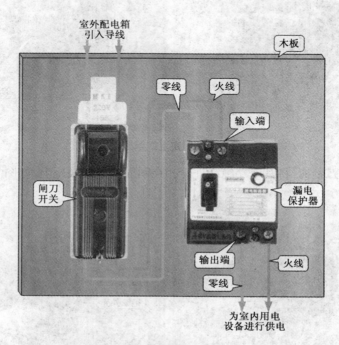

图 5-37　漏电保护器的安装连接

5.2.4　供电插座的安装

供电插座主要用于为需要单独供电的电气设备提供电量的电气器件,可直接与电源进行连接。目前农村家庭中常使用的插座主要有明装插座和暗装插座两种,下面我们以暗装三孔插座为例对其安装方法进行介绍。

1. 供电插座安装前的准备工作

①在对供电插座进行安装前,应首先对其预留的导线端子进行加工处理,如图 5-38 所示。预留导线连接端子并没有预留出连接所需要的长度,因此需要使用剥线钳对预留出的导线进行剥线操作。

②进行供电插座安装前,还应检查接线盒、插座及预留导线是否正常,并将接线盒需要穿入导线一端的挡片取下,如图 5-39 所示。

③将导线穿入接线盒,并将其接线盒嵌入墙的凹槽中,如图 5-40 所示。

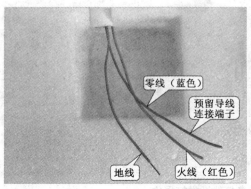
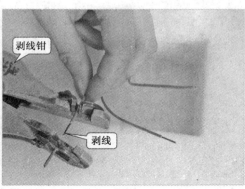

图 5-38　供电线的加工处理操作

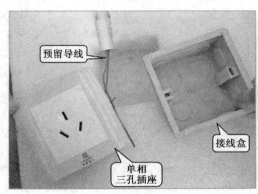

图 5-39　取下接线盒挡片

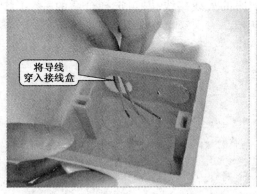
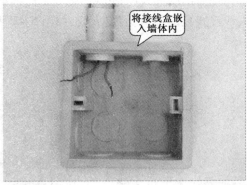

图 5-40　嵌入接线盒操作

2. 供电插座的安装操作

①在对插座进行连接时，发现插座的接线孔处于连接状态，即接线孔处的螺钉处于拧紧状态，此时需选择合适的一字旋具依次将插座各接线孔处的螺钉拧松，如图 5-41 所示。

图 5-41　拧松插座各接线孔螺钉操作

②使用一字旋具按下插座护盖的暗扣,将其护盖取下,如图 5-42 所示。

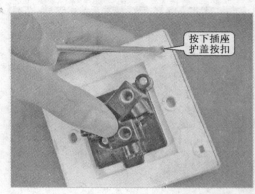
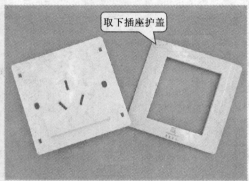

图 5-42　拧下插座保护盖暗扣并取下插座护盖操作

③将预留出的火线(红色)连接端子插入插座的火线接线孔,再选择合适的一字旋具拧紧插座火线接线孔的螺钉,固定火线,如图 5-43 所示。

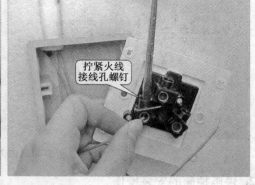

图 5-43　连接火线(红色)操作

④将预留出的零线(蓝色)连接端子穿入插座的零线接线孔,再使用一字旋具拧紧插座零线接线孔的螺钉,固定零线,如图 5-44 所示。

图 5-44　连接零线(蓝色)操作

⑤将预留出的接地线连接端子穿入插座的接地线孔,再使用一字旋具拧紧插座接地线接线孔的螺钉,固定接地线,如图 5-45 所示。

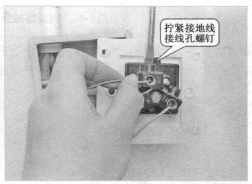

图 5-45　连接地线操作

⑥将插座与预留导线端子连接完成后,检查导线连接端子是否连接牢固,以免引起漏电事故的发生,如图 5-46 所示。

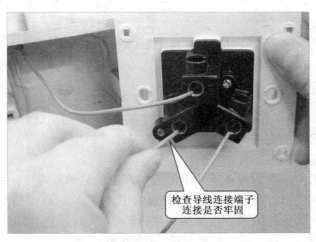

图 5-46　检查导线端子连接是否牢固

3. 供电线盒的固定

①插座连接并检查完成后,盘绕多余的导线,并将插座放置到接线盒的位置,如图 5-47 所示。

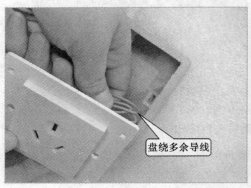

图 5-47　将插座放置到接线盒的位置操作

②将螺钉放置到插座的固定点,使用合适的十字旋具拧紧螺钉,将插座固定到墙面上,然后再将插座护盖安装到插座上,如图 5-48 所示,至此三孔插座安装完成。

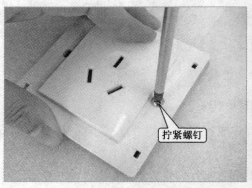

图 5-48　固定插座安装护盖

5.2.5　照明灯具的安装

照明灯具是为用户提供光源的,随着生活水平的提高,对照明灯具的布置和安装提出了更高的要求,下面以荧光灯的安装为例进行介绍。

1. 荧光灯安装前的准备工作

①荧光灯安装前,应根据应用环境并能够为用户提供足够的亮度的原则对荧光灯的安装位置进行规划。通常荧光灯都设计在房间天花板的中央位置,可以使整个房间的亮度相同,不会造成局部亮度过高,其他范围亮度过低的现象,规划完成后进行合理的布线,并在荧光灯安装处预留出足够长的导线,用于荧光灯的连接,如图 5-49 所示。

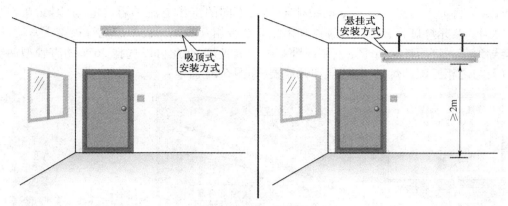

图 5-49　荧光灯的安装方式

②由图 5-49 可看出,荧光灯的安装方式有悬挂式安装和吸顶式安装两种。若采用悬挂式安装方式时,应重点考虑眩光和安全的因素。眩光的强弱与荧光灯的亮度以及人的视角有关,因此悬挂式灯具的安装高度是限制眩光的重要因素。如果悬挂过高,既不方便维护又不能满足日常生活对光源亮度的需要。如果悬挂过低,则会产生对人眼有害的眩光,降低视觉功能,同时也存在安全隐患。通常情况下,悬挂式安装荧光灯的悬挂高度在 2m 左右最佳,如图 5-50 所示。大多数荧光灯都采用吸顶式安装方式,既避免了眩光的产生,又安全美观。

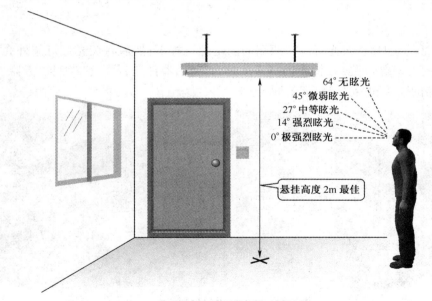

图 5-50　眩光与视角的关系

2. 荧光灯的安装操作

荧光灯需要将其安装在匹配的灯架上,灯架中配有起辉器和镇流器。其中起辉器又称为跳泡,是预热并启动荧光灯特有的装置。镇流器的作用则是在荧光灯预热过程中,限制流过灯丝的电流不超过荧光灯预热电流的额定值,并且在荧光灯启动过程中与起辉器配合产生脉冲高电压,最终将荧光灯点亮。不同的镇流器具有不同的工作电流和启动电流,因此在安装之前,需要确认荧光灯灯管、灯架、起辉器和镇流器是否相互匹配。否则荧光灯很难正常启动,严重的会导致荧光灯损坏。由于是安装在卧室中的荧光灯,在此可以选择 36W 的直管型两盏荧光灯以及与之相匹配的灯架、起辉器和镇流器,如图 5-51 所示。

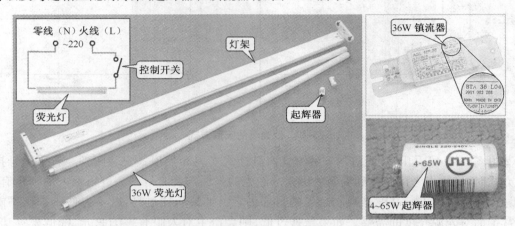

图 5-51　荧光灯安装时选配的部件及控制线路的接线关系

　　荧光灯的安装主要可以分为荧光灯灯架的安装、荧光灯的接线、荧光灯灯管及镇流器的安装 3 部分内容。

　　(1)荧光灯灯架的安装

　　①选择合适的旋具,将荧光灯灯架两端的固定螺钉拧下,然后将荧光灯灯架外壳打开,如图 5-52 所示,打开灯架外壳后,检查内部连接是否正常、器件是否配套,参照镇流器上的接线图,并进行线路的连接和荧光灯灯架的固定。

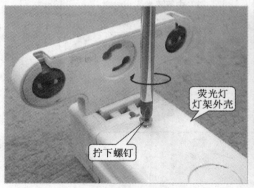
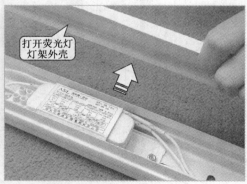

图 5-52　打开荧光灯灯架外壳

　　②在天花板上确定荧光灯灯架的安装位置,如图 5-53 所示。将荧光灯灯架摆放到预留导线的位置,使用记号笔标记荧光灯灯架固定孔的位置,便于进行打眼操作。

　　③将电钻调整为垂钻模式(冲击钻模式),并选择合适的钻头将其安装在电钻上,然后使用电钻垂直对准天花板上已经标注好的孔,开始进行打孔,如图 5-54 所示。

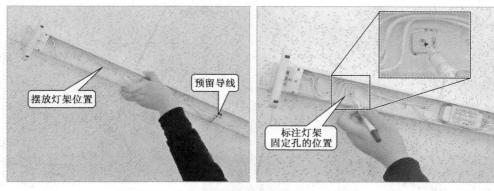

图 5-53　找到荧光灯灯架的安装位置并对其标记

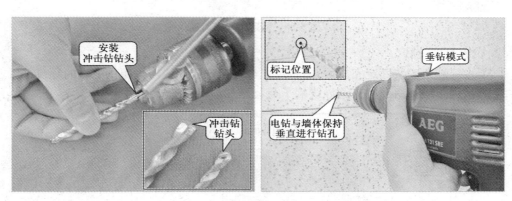

图 5-54　钻孔操作

④钻孔完成后,选择与钻孔相匹配的胀管埋入钻孔中,然后使用锤子将胀管安装到钻孔中,不应将胀管整根都放入孔中,需要使其一部分外露,而胀管的外露长度并没有太大的要求,如图 5-55 所示。

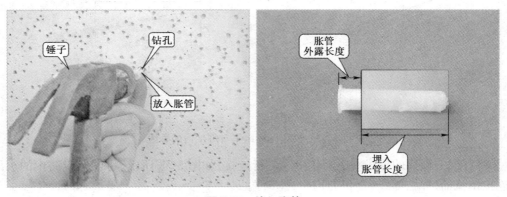

图 5-55　放入胀管

⑤放入胀管后,将荧光灯灯架放到天花板的固定位置,使用匹配的木螺钉拧入固定在天花板的胀管中,将荧光灯灯架固定在天花板上,如图 5-56 所示。

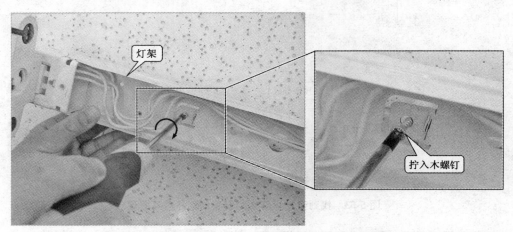

图 5-56　固定荧光灯灯架

（2）荧光灯的接线

① 荧光灯灯架安装固定完成后，需将荧光灯灯架内的导线与电源供电端的导线进行连接，图 5-57 所示为布线预留照明支路导线端子与荧光灯灯架内的导线。

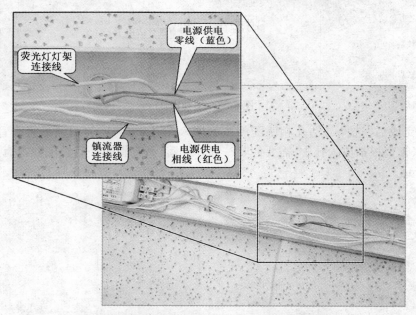

图 5-57　预留导线端子与灯架内的导线

②将灯架上预留的导线端子与供电线进行连接，如图 5-58 所示，将供电线路中的火线（红色）连接镇流器一端，零线（蓝色）连接灯座一端。

③将连接好的导线部位缠绕上绝缘胶带，然后将其放入荧光灯灯架的内部，如图 5-59 所示。

④导线连接完毕，并对其进行绝缘处理后，将荧光灯灯架的外壳盖上，使用合适的旋具拧

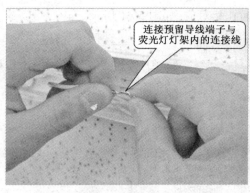
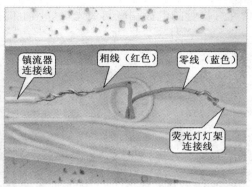

图 5-58　连接预留导线端子与荧光灯灯架内的导线

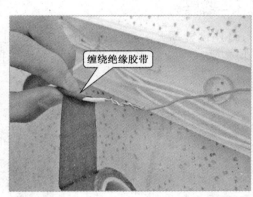
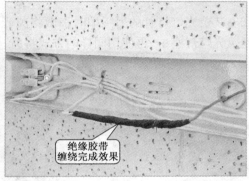

图 5-59　连接点的绝缘保护

紧荧光灯灯架与荧光灯外壳的固定螺钉,将荧光灯外壳固定在灯架上,如图 5-60 所示。

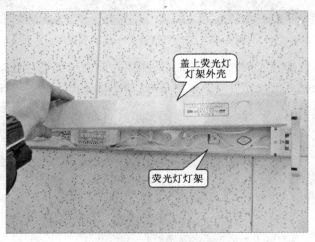

图 5-60　盖上灯架外壳

(3)荧光灯灯管的安装

①荧光灯灯架安装完毕后,再将荧光灯灯管的一端安装到荧光灯灯架的灯座上,安装时要

注意荧光灯灯管的电极端应与荧光灯灯座上的插孔相对应,如图 5-61 所示。

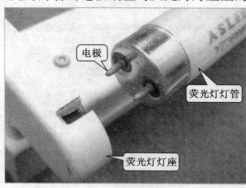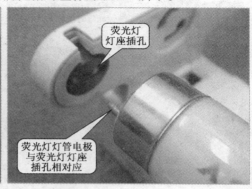

图 5-61　荧光灯灯管一端的安装

②安装荧光灯灯管的另一端时稍微将荧光灯灯座向外掰开一点,将荧光灯灯管的电极端插装到荧光灯灯座中,再使用同样的方式将另一根荧光灯灯管安装到荧光灯灯架上,如图 5-62 所示。

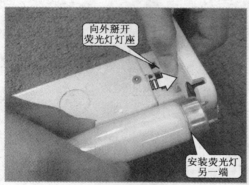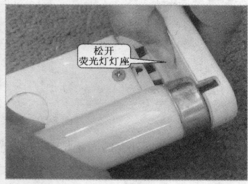

图 5-62　荧光灯灯管另一端的安装

③两根荧光灯灯管都装入荧光灯灯架后,适当用力向内推荧光灯灯架两端的灯座,确保荧光灯灯管两头的电极触点与荧光灯灯座接触良好,如图 5-63 所示。

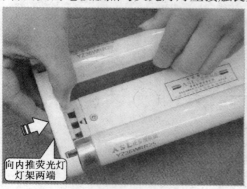

图 5-63　向内推荧光灯灯座

④最后将起辉器装入荧光灯灯座的起辉器插孔中。装入时,先将起辉器插入,再旋转一定角度,使其两个触点与荧光灯灯架的接口完全可靠扣合,如图 5-64 所示。此时,荧光灯的安装操作已全部完成,将该电路的总断路器闭合,即可通过开关对该荧光灯进行控制。

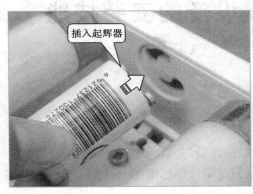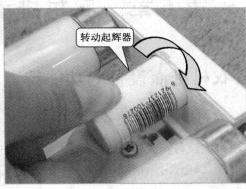

图 5-64　装入起辉器

第6章　农村排灌设备的安装技能

6.1　农村排灌设备的功能特点

6.1.1　农村排灌设备的基本结构

农村排灌设备在我国农业生产中是发展最快、应用最广、数量最多的一种农业机械。它是由控制部件、供电部件、电动机、水泵、输水管路及管路附件等构成,图6-1所示为农村排灌设备系统示意图。

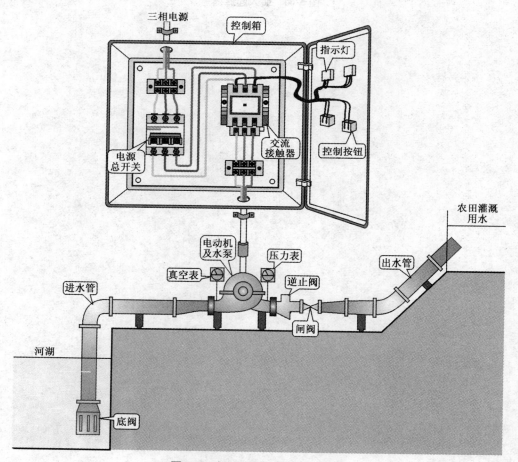

图6-1　农村排灌设备系统示意图

农村排灌设备由交流电源进行供电,依靠启动按钮、停止按钮、交流接触器等对电动机的启停进行控制,电动机启动后产生的机械能由水泵转变为抽送水的水力能,将水输送到高处或远处,图 6-2 所示为典型农村排灌设备的基本结构。

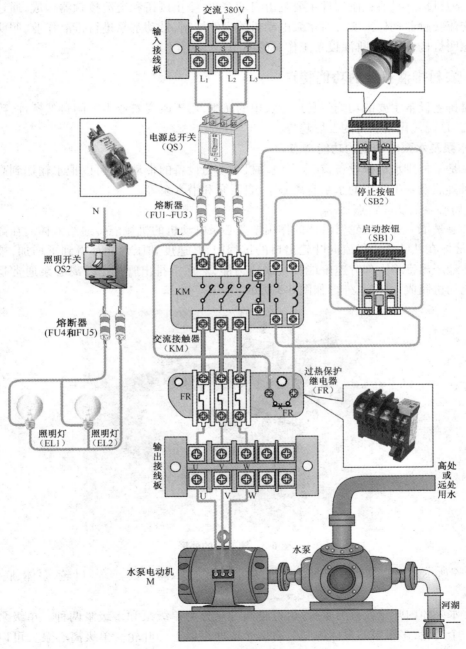

图 6-2　典型农村排灌设备的基本结构

从图中可看出该排灌设备主要由供电部件、保护部件、控制部件、照明部件、水泵电动机、水泵及输水管路等构成,其中供电部件主要由电源总开关构成,用于为水泵电动机及控制部件提供所需的工作电压;保护部件主要是由熔断器和过热保护继电器构成,用于排灌设备电路的过载、短路及过热保护;控制部件主要是由启动按钮、停止按钮和交流接触器构成,通过启停按钮控制交流接触器动作来实现对水泵电动机的启停控制,带动水泵进行排灌作业;照明部件主要是由照明灯构成,用于排灌设备工作时的照明。

6.1.2　农村排灌设备的功能特点

农村排灌设备主要的功能就是进行农田的灌溉,用于改变农业生产的自然条件,确保农作物的高产,是现代化新农村的发展趋势。

1. 水泵及水泵电动机的功能特点

水泵是一种排水机械设备,在水泵电动机等动力设备的带动下,可以把水输送到高处或远处。农村排灌设备中常用的水泵有离心泵、自吸泵和潜水泵等。

（1）离心泵的功能特点

离心泵是依靠旋转叶轮对液体的作用把离心泵电动机的机械能传递给液体。在离心力的作用下,液体在从叶轮进口流向叶轮出口的过程中,其速度和压力能都得到了增加,被叶轮排出的液体经压出室将大部分速度能转换成压力能,然后沿排出管排出。离心泵通常是将泵体和驱动电动机制成一体,其外形如图 6-3 所示。

图 6-3　离心泵的外形

图 6-4 所示为离心泵的结构图,该离心泵主要由泵头、防护板、泵轴、叶轮、泵体、底座、电动机等构成。

根据水泵体内叶轮数目的多少,也可将离心泵分为单级泵和多级泵两种。单级泵的泵体内安装一个叶轮,多级泵的泵体内安装有两个或两个以上的叶轮。单级离心泵又可以分为单级单吸式、单级双吸式和多级式 3 种,如图 6-5 所示。

单级单吸式离心泵具有扬程较高、流量较小、结构简单、使用方便等优点。水泵出水口的

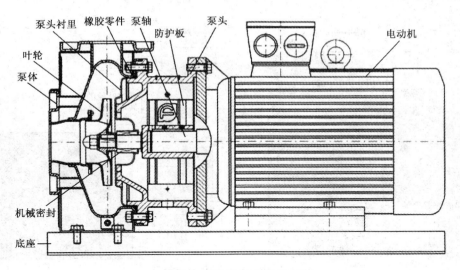

图 6-4　离心泵的结构图

方向可以根据需要进行上下、左右的调整,适用于丘陵、山区等小型灌溉场所;单级双吸式离心泵具有扬程较高、流量比同口径单级单吸式离心泵大、泵盖可以打开以便于维修等特点,但体积较大,适用于丘陵、高原中等面积的灌溉;多级离心泵实际上是将几个叶轮装在一根轴上串联工作,随着叶轮数目的不同,名字也不相同,一般有几个叶轮就习惯将其称为几级泵,多级离心泵具有扬程高、流量小的特点,由于其结构比较复杂,比较笨重,故适用于扬程较高、难以灌溉的区域。

图 6-5　单级泵和多级泵

图 6-6 所示为离心泵的工作原理图,当离心泵的电动机旋转时,叶轮在泵壳内高速旋转,由于高速旋转带来的离心力使叶轮内的水以高速甩离叶轮向四周扩散。扩散的高速水流具有很大的能量,而泵壳又是一个狭小的空间,水流在泵壳里相互拥挤,速度减慢,而压力却急剧增加,压向出水管,此时叶轮中心部分由于缺水而形成低压区,低处的水源在大气压力的作用下,经进水管不断地进入泵内。通过离心泵叶轮的不停旋转,水就不断被吸入泵内并送到高处。

在离心泵的水口处,一般都装有压力表,启动前应将压力表关闭,启动结束出水正常后再将其接通进行测量,以免因泵内的压力超过压力表的量程而使压力表损坏。

（2）自吸泵及电动机的功能特点

自吸泵具有自吸能力,它从原理上消除了由于泵的吸水面积较大可能造成运行中的泵因

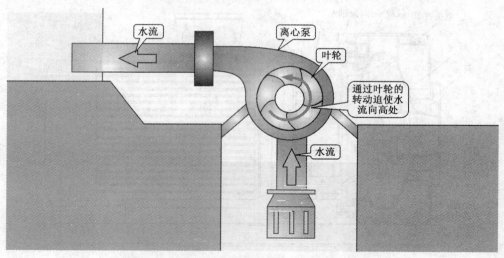

图 6-6　离心泵的工作原理图

进入气体而出现的失吸现象，自吸泵在这种情况下仍然能方便地启动并维持正常运行。自吸泵根据自吸方式的不同，可分为外混式自吸泵、内混式自吸泵及真空引水式自吸泵等多种形式。自吸泵具有体积小、吸程深、扬程高等优点，广泛用于从河湖等吸水面积较大的情况下泵水，其外形如图 6-7 所示。

图 6-7　自吸泵的实物外形

　　图 6-8 所示为自吸泵的结构图。从图中可看出自吸泵主要由进口法兰、注液体、泵壳、叶轮、叶轮轴、支架、联轴器和电动机等构成。

　　（3）潜水泵及潜水泵电动机的功能特点

　　潜水泵是将水泵和水泵电动机直接连在一起同时潜入水中工作的，如图 6-9 所示。

　　潜水泵的操作比较简便，结构紧凑，是比较理想的一种水泵，但由于长期处于水下，且水泵在工作时水要进入水泵电动机内对绕组进行冷却，容易出现漏水现象。使用潜水泵时，由于电

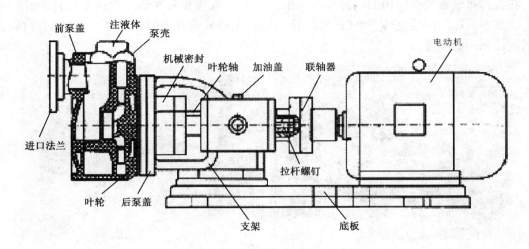

图 6-8 自吸泵的结构图

图 6-9 潜水泵的实物外形

源供电线路也要插入水中,所以要注意防水和防潮问题,以免发生漏电事故。

(4)其他水泵

除了以上几种常用的水泵外,还有轴流泵、深井泵等其他水泵,这些水泵都经常用于农村排灌设备中,其水泵的电动机也都由交流三相 380V 或单相 220V 供电,其外形如图 6-10 所示。

2. 供电部件

农村排灌设备中的供电部件主要由电源总开关构成,用于接通或切断农村排灌设备的供电。在农村排灌设备中常用的电源总开关形式主要有低压开关和低压断路器两种,如图6-11所示。其中低压断路器也称为空气开关,除了具有接通或断开电路的功能外,还具有过载、短路或欠压保护的功能。

图6-10　轴流泵、深井泵的实物外形

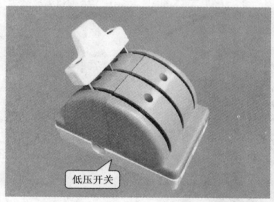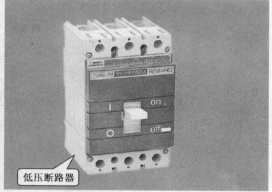

图6-11　供电部件

3. 保护部件

农村排灌设备中的保护部件主要是由熔断器和过热保护继电器构成,主要用于排灌设备及线路的短路、过热、过载保护。

（1）熔断器

农村排灌设备中的熔断器主要用于线路和设备的短路及过载保护。当系统正常工作时,熔断器相当于一根导线,起通路作用;当通过熔断器的电流大于规定值时,熔断器会自动断开电路,从而对线路上的其他电气设备起保护作用,如图6-12所示。

（2）过热保护继电器

农村排灌设备中的过热保护继电器主要用于水泵电动机的过载保护、断相保护、电流不平衡保护以及其他电气设备的过热保护,该保护器件利用电流的热效应来推动机构使触头闭合或断开,如图6-13所示。

図 6-12　熔断器　　　　　　　　　図 6-13　过热保护继电器

4. 控制部件的功能特点

农村排灌设备中的控制部件主要是由按钮开关、继电器和交流接触器等构成，通过这些控制部件来控制电动机和水泵的工作状态。

（1）按钮开关

农村排灌设备中的按钮开关主要用来控制水泵和电动机的通断。它是一种手动操作的电气开关，在农村排灌设备中用于发出远距离控制信号或指令去控制继电器、接触器等动作，从而实现对水泵和电动机接通或切断的控制，如图 6-14 所示。

图 6-14　按钮开关

（2）继电器

农村排灌设备中的继电器通过按钮开关控制其接通与断开，从而控制电路的通断，它是一种电子开关，在农村排灌设备中所使用的继电器主要有电磁继电器、固态继电器、中间继电器、时间继电器等，如图 6-15 所示。其中时间继电器是一种延时或周期性定时接通、切断某些控制电路的继电器，在农村排灌设备中常用于控制水泵及电动机的延时工作和自动断开。

（3）接触器

农村排灌设备中的接触器主要采用交流接触器，是用于接通或断开主电路供电的控制装置，即接通或断开水泵电动机供电的控制装置，它也被称为电磁开关，是农村排灌设备中使用最广泛的电气元件之一，如图 6-16 所示。

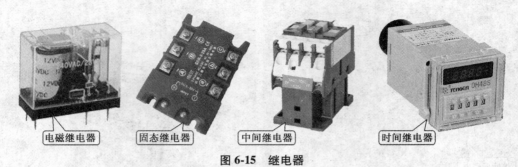

电磁继电器　　固态继电器　　中间继电器　　时间继电器

图 6-15　继电器

交流接触器

图 6-16　交流接触器

5. 进水管和出水管

进水管和出水管是排灌设备输水和排水的主要设备,进水管和排水管多用硬质塑料制成,在进水管的进水口处多设有底阀,用来阻挡杂物进入水泵内,如图 6-17 所示。

图 6-17　进水管和出水管

6.2　农村排灌设备的安装

6.2.1　农村排灌设备的安装和使用前的注意事项

农村排灌设备在安装和使用时要注意电压、电流、功率是否符合设备要求,供电安全是否存在隐患,以免在使用过程中出现问题。

1. 农村排灌设备安装的注意事项

①农村排灌设备应尽量安装在靠近水源的地方,安装地面应坚实、平整,以防止使用过程中坍塌,水泵的周围应宽敞,以便于操作和维护。

②进水管必须支撑牢固,不应挂在水泵外壳上。进水管应具有良好的密封性,以防止漏气漏水,进水管底阀应浸入水中一定深度,其深度不应小于底阀外径的 1.5~5 倍,否则进水管周围会产生漩涡,影响进水。

③在枯水位时,水泵轴心线距进水池的最大安装高度应小于水泵允许吸上的真空高度。进水管的任何部位都不能高出水泵的进水口,以防止泵内聚集空气。进水管的弯头不能直接与水泵的进水口相接,中间应加装直管段部分。

④在出水管路上,相隔一定的距离要加一个支撑座,以支撑水管。水管的出水口应浸没在出水池水面之下,或者应尽量接近出水池的水面,以免浪费功率。

2. 农村排灌设备使用前的注意事项

农村排灌设备在使用前应注意以下几点:

①检查固定螺栓是否正常。螺栓是固定水泵电动机和水泵地脚的重要器件,在使用前应检测连接螺栓是否有松动或脱落现象,若有应及时处理。

②检查联轴器是否牢固。使用前应检测联轴器的连接是否牢固,水泵与电动机的转轴是否同心,间隙是否合适等。若采用传送带的排灌设备应检查两个带轮的位置是否已对正,传送带的松紧程度是否适当等。

③用手慢慢转动传送带或联轴器,查看水泵转动的部分是否正常,有无卡住现象,轴承的松紧程度是否均匀等现象,若发现有问题应及时调整。

④检查轴承中的润滑油脂是否足量,以及压盖的松紧程度是否合适。

⑤检查水泵电动机的转向与水泵的转向是否一致,如不一致,应将电动机的任意两根引线对调。对于新安装的电动机,在第一次启动时,检查其转向是必不可少的一项重要工作。

⑥对于新安装的深井泵,在正式运行前,必须按规定对叶轮轴向的间隙进行调整。轴向间隙的增大或减小,可通过升降传动轴的方向来实现。对于离心泵,使用前要关闭出水管上的闸阀,以降低启动电流。启动后闸阀关闭时间也不宜过久,在 3~5min 为宜。

⑦清除水泵进水口处的漂浮物,并检查底阀浸入水中的深度,如不合适,应及时进行调整或处理。

⑧在使用时还应检查水泵电动机和控制电路是否正常,查看电力排灌设备周围有无阻碍

运转的杂物。对于离心泵、混流泵和卧式轴流泵,启动之前要灌满清水。轴流泵的出水管若装有闸阀,应将闸阀全部开启。在启动深井泵之前,必须对橡胶轴承注满清水或肥皂水,以便于润滑,但不能用油脂润滑。

6.2.2　农村排灌设备的安装方法

农村排灌设备安装前首先要确定水泵的流量和扬程,确定扬程时,还应考虑损失扬程,水泵的总扬程是实际扬程的 1.25～1.35 倍。确定了一定的流量和扬程之后,就可以根据水泵的性能选择合适的水泵。水泵的种类有很多,其中有很多的水泵都可以满足流量和扬程的要求,这时就要根据实际情况对水泵的适用范围等进行比较,从而选择合适的水泵。

1. 水泵与电动机的安装固定

水泵是排灌设备的主体,一般在安装时先要确定水泵的安装位置,尽量选择靠近水源的地方,以便于操作和减少使用时的无用功消耗。

①水泵和电动机的质量较大,工作时会产生振动,因此不能将其直接安装放置于地面上,应安装固定在混凝土基座、钢板或专用的底板上,如图 6-18 所示,机座、钢板或专用底板的长宽尺寸应足够放置水泵和电动机。

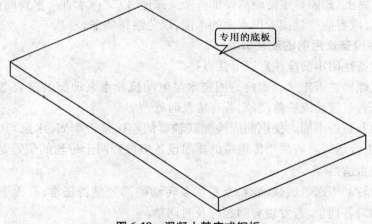

专用的底板

图 6-18　混凝土基座或钢板

②安装水泵时应使用专用的吊装工具,如图 6-19 所示,按图中的方法使用合适的吊栏吊起水泵,将其安装固定到底板上。

③由于水泵和电动机需使用联轴器进行连接,当电动机的高度不够时,需在其电动机的底部安装一块电动机的固定板,如图 6-20 所示,将水泵电动机的底板安装固定在底板上。

④水泵电动机的底板安装完成后,使用专业的吊装工具吊起电动机,将其安装固定在电动机固定板上,并通过联轴器与水泵进行连接,连接过程中应保证其水泵与电动机对正,如图 6-21 所示。

⑤使用联轴器对水泵和电动机连接完成后,需在联轴器处安装联轴器防护罩,如图 6-22 所示,在未连接联轴器防护罩时,不得启动水泵工作,以防止发生人身事故。

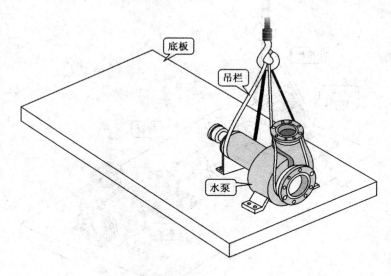

图 6-19　将水泵安装固定到底板上

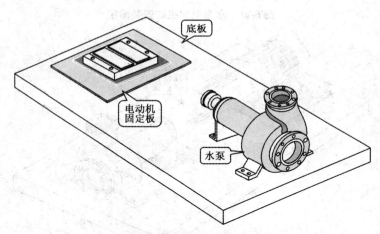

图 6-20　水泵电动机底板的安装固定

　　⑥水泵和电动机安装到底板后,根据底板的大小确定基坑的长度和宽度后,开始挖基坑。基坑挖到足够深度后,使用工具夯实坑底,以防止底板下沉,如图 6-23 所示,接下来在坑底铺一层石子,用水淋透并夯实,然后注入混凝土,制作基座。

　　⑦水泥基座制作完成后,可使用冲击钻根据底板固定孔在浇注的混凝土机座上进行打孔,然后打入带螺栓的金属涨管,如图 6-24 所示。

　　⑧在制作基座时,也可采用预埋螺栓的方式,这种情况螺栓的位置要与底板的安装孔相对应,如图 6-25 所示。

　　⑨水泵和电动机在底板上安装固定完成后,在底板需要安装固定的地脚螺栓的每个侧面垫入垫片或木板,如图 6-26 所示。

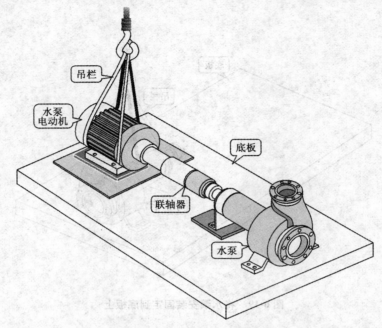

图 6-21 水泵电动机的安装固定

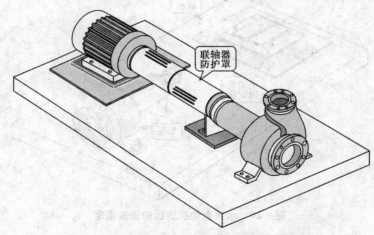

图 6-22 联轴器防护罩的连接

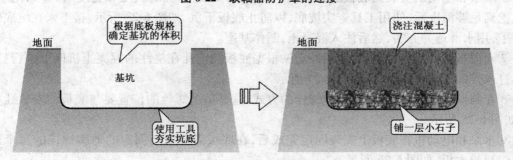

图 6-23 制作基座

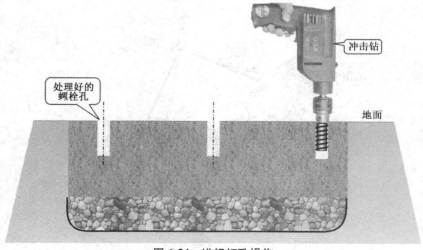

图 6-24　进行打孔操作

图 6-25　埋入地脚螺栓

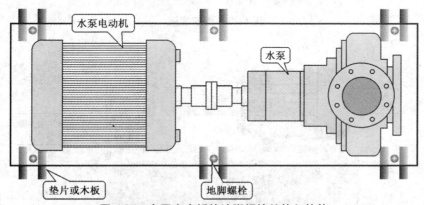

图 6-26　在固定底板的地脚螺栓处垫入垫片

⑩使用专业的吊装工具将底板及其水泵和电动机吊装到水泥机座上,并使其底板上的螺栓孔对准地脚螺栓,调节垫入的垫片,使其底板与地面平行,如图 6-27 所示。

⑪用水平仪测量底板,使之保持水平、并固定牢固,如图 6-28 所示。

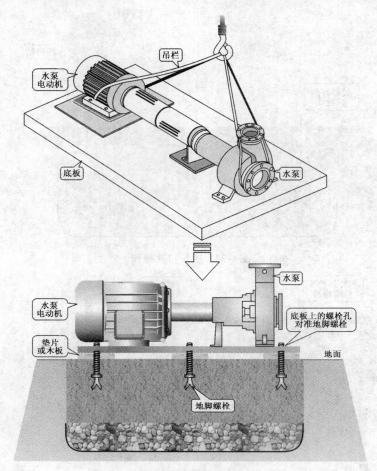

图 6-27　固定底板

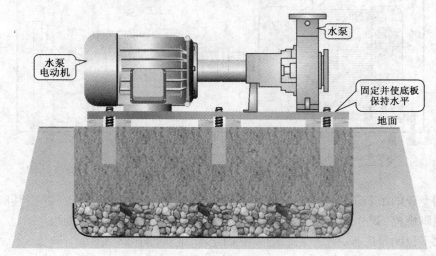

图 6-28　封固地脚螺栓

⑫封固地脚螺栓后,将与其地脚螺栓配套的固定螺母拧入地脚螺栓中,至此即完成了水泵及水泵电动机的安装,如图 6-29 所示。

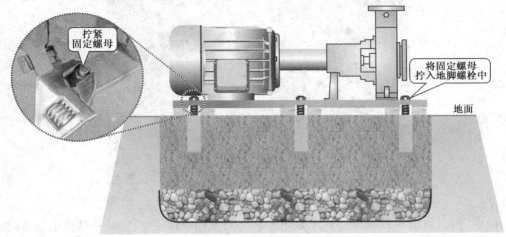

图 6-29　将底板固定在机座上

2. 进水管和出水管的安装

进水管和出水管统称为排水管,它直接与水泵进行连接。一般在水泵与排水管的连接处会有螺孔,接口处还应装入防漏胶垫,安装时使用螺栓将水泵和排水管连接起来即可,图 6-30 所示为排水管连接完毕后的图。

图 6-30　排水管与水泵的连接

3. 蓄水池的修建

由于水泵在抽水作业时,其水力较大,对土壤的冲击力也较大,因此需在出水管的出口处修建一个供蓄水使用的蓄水池,以减小对排水渠的冲刷,图 6-31 所示为蓄水池的修建。

4. 排灌供电及控制部件的安装

将电动机和排水泵、排水管连接完毕后,可以根据排灌设备所用水泵电动机的不同来选择

图 6-31　蓄水池的修建

不同的供电方式,如图 6-32 所示。该水泵电动机采用三相电源供电,安装排灌供电设备时应先将其供电部件和控制部件安装固定在控制箱内,然后将三相电源引入控制箱内,对其供电部件和控制部件按照供电要求及控制要求进行接线,并将控制线路通过地下管路连接到水泵电动机的三相绕组连接端,至此便完成了排灌供电及控制部件的安装。

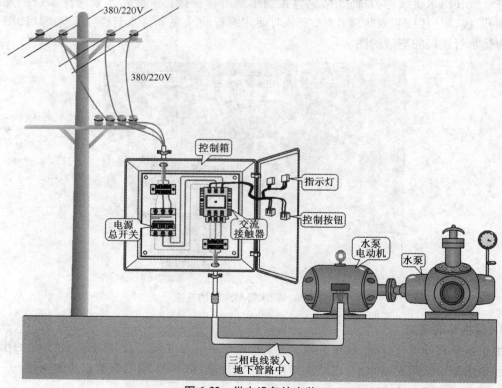

图 6-32　供电设备的安装

第7章 农村广播、电视与网络通信系统的安装技能

7.1 农村广播系统的安装技能

7.1.1 农村广播系统的结构

农村广播系统是通过户外电线杆上架装高音喇叭与扩音器的合理配接进行广播的,以保证高音喇叭能覆盖较大的区域并能得到良好的播音效果。图7-1所示为农村广播系统的整体结构示意图。

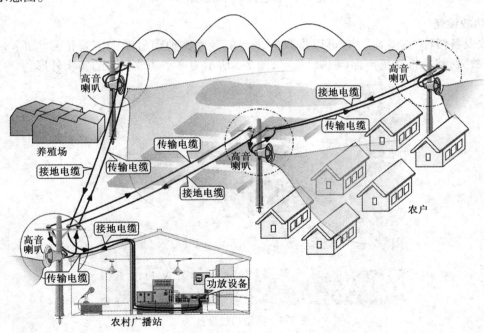

图 7-1 农村广播系统的整体结构示意图

由图可知,整个广播系统是由高音喇叭、农村有线电视广播站、电缆、电线杆等部分组成。其中,农村广播站建立在广播覆盖面的中心地点,该村庄有4根电线杆,根据具体的布局和需要,将每个电线杆上架装一个高音喇叭,使村庄的每个角落都能听到广播。

1. 话筒

话筒的种类很多,一般有有线话筒和超高频(UHF)无线话筒两大类。在农村广播系统中

常采用有线话筒作为声音的拾取设备,图7-2所示为典型的有线话筒实物外形,有线话筒可以通过话筒尾部引出的连接电缆直接与录音设备或扩音设备进行连接。

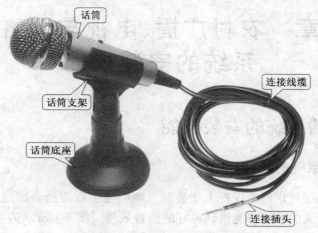

图7-2　有线话筒的实物外形

2. 功放设备

功放设备俗称"扩音器",它可以将人的语音信号或其他信号源的声音信号(如卡带、CD等)进行放大,然后推动扬声器(喇叭)发声,图7-3所示为典型功放设备的实物外形。

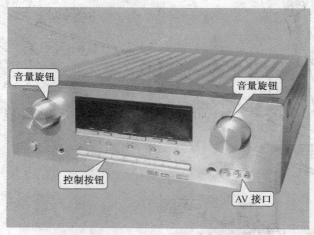

图7-3　典型功放设备

在选择功放设备时要注意功放与高音喇叭的匹配关系。在上述农村广播系统中,采用了4只高音喇叭,每只高音喇叭的额定功率为25W,因此需要功放设备的输出功率为100W(25×4=100W)。

3. 高音喇叭

高音喇叭也称高音扬声器,它的种类很多。在农村广播系统中,常使用号筒式扬声器作为声音的输出设备,这种扬声器的频率高、音量大,是典型的室外扩音设备,图7-4所示为号筒式扬声器的实物外形。

固定支架

图 7-4　号筒式扬声器(号筒式高音喇叭)的实物外形

通常,高音扬声器有两个关键的参数指标,一个是额定功率,即扬声器在不失真情况下所允许的最大输入功率,选用时要注意实际工作的功率不要超过其自身的额定功率,否则会造成扬声器损坏;另一个重要指标是额定阻抗,常见的户外用高音扬声器的额定阻抗多为 8Ω。

4. 阻抗匹配变压器

在实际安装连接时,传输线路自身存在一定的阻抗,在广播系统信号传输的过程中,电流流过传输线路就会造成功率损耗,如在上述农村广播系统中设置的 4 只高音喇叭相隔的距离较远,需要将传输线路增长,而长距离传输线路自身造成的功率损耗会更加明显,这样除了 4 只高音喇叭的功率损耗外,我们还要将传输线路的功率损耗计算在内,那么每只喇叭最终得到的功率将不足以推动其工作,为了降低传输过程中的损耗,在功放的输出端设置升压变压器将传输的音频信号电压升高(电流减小),然后进行传输,最终到达扬声器端,再由降压变压器进行降压,与此同时阻抗也随之降低并与扬声器匹配,这些变压器也被称为阻抗匹配变压器,升压变压器的结构如图 7-5 所示。

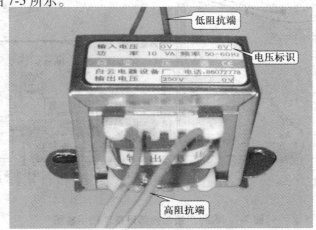

低阻抗端

电压标识

高阻抗端

图 7-5　阻抗匹配变压器

　　传输电压的升高意味着传输电流减小,从而有效地抑制传输线路所造成的损耗。然后在连接每只高音喇叭之前,再通过阻抗匹配变压器将原本升高的电压降压后再输送给高音喇叭,这种功能的变压器被称为降压变压器,其高阻抗端连接传输线路的 250V 电压,经降压后,由低阻抗端与高音喇叭连接,图 7-6 所示为实际的安装连接示意图。

图 7-6　阻抗匹配变压器的安装连接示意图

　　5. 农村广播系统的辅助设备

　　农村广播系统的辅助设备主要有组合音响、音箱、录音机等,这些设备可作为辅助声源为农村广播系统服务。例如,可以使用组合音响播放 CD 或卡带,然后通过功放设备将音乐播放出去。

7.1.2　农村广播系统的安装

　　农村广播系统的安装可以分为两大部分,第一部分是农村广播站的内部连接,第二部分是高音喇叭的安装连接。

　　1. 农村广播站的内部连接

　　图 7-7 所示为农村广播站内部设备连接示意图。

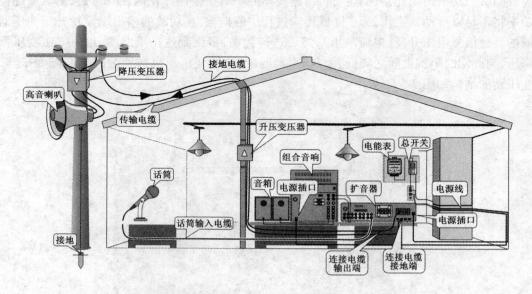

图 7-7　农村广播站内部设备连接示意图

　　农村广播站内部设备的连接主要可以分为话筒与功放设备的连接、组合音响与功放设备的连接、功放与高音喇叭的连接和高音喇叭的安装连接4个环节。

　　（1）话筒与功放设备的连接

　　①图7-8所示为功放设备的标准话筒输入接口，连接时将话筒插头对应插入到功放设备的话筒输入插口中。

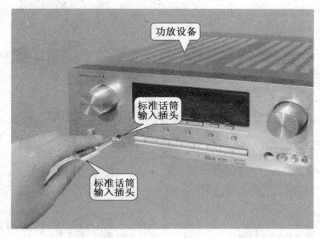

图7-8　功放上的标准话筒输入接口

　　②有的功放没有设置标准话筒输入接口，而只有小型话筒输入接口，在连接时要采用话筒接口转换器进行连接，如图7-9所示，话筒接口转换器的一端为标准话筒接口，用以连接6.5mm音频插口（用以连接标准插头），另一端为小型话筒插头，用以连接3.5mm音频接口。

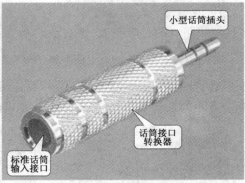

图7-9　功放上的小型话筒输入接口及话筒接口转换器

　　③连接时将话筒的插头插入到话筒接口转换器的标准话筒接口上，然后将话筒接口转换器的小型话筒插头与功放设备相连，如图7-10所示。

　　（2）组合音响与功放设备的连接

　　①图7-11所示为典型组合音响的实物外形，目前流行的组合音响都具备录音机、收音机和CD机的功能，它可以播放收音广播、卡带以及CD光盘上的声音信号。

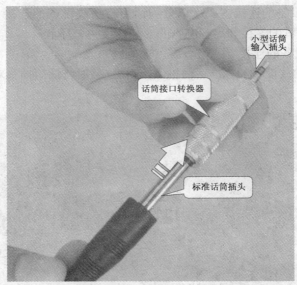

图 7-10　使用话筒接口转换器进行连接

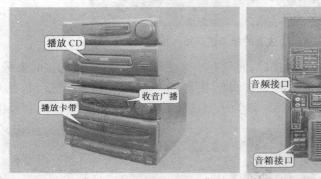
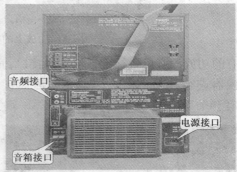

图 7-11　典型组合音响的实物外形

　　②组合音响和音箱背部都设置有相互连接的插孔,图 7-12 所示为音箱的插孔设计形式,组合音响与音箱的插孔基本相同,多采用卡夹式设计。

图 7-12　组合音响与音箱的插孔设计形式

③组合音响与音箱之间多采用线缆插接的方式进行连接,连接线缆的连接头需进行加工,如图 7-13 所示。剥削音箱连接线端头处的绝缘皮长度在 1cm 左右即可,切忌不要剥削过多,否则会造成金属线外露,易造成短路故障。

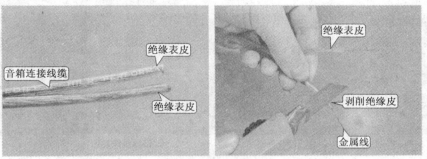

图 7-13　剥削音箱连接线端头处的绝缘皮

④音箱连接线剥削加工完毕,按动音箱背部接口处的卡夹,然后将连接线的金属头插入到插口中,松开卡夹,音箱连接线连接即可固定好,如图 7-14 所示。

图 7-14　连接线与音箱的连接

⑤将连接线另一端的两个插头以同样的方法接入组合音响的输出接口,图 7-15 所示为音箱、音响与连接线的具体连接效果。

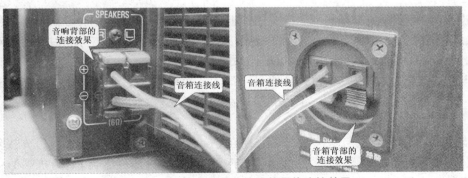

图 7-15　音箱、音响与连接线的具体连接效果

⑥组合音响与音箱连接好后,开始进行组合音响与功放设备的连接。图7-16所示为功放背部接口。

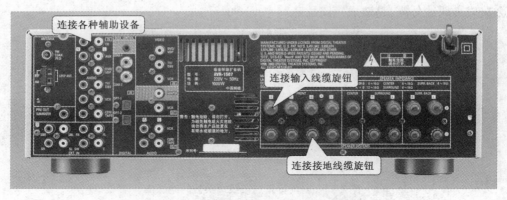

图7-16 功放背部接口

⑦组合音响与功放之间主要通过音频线进行传输。图7-17所示为音频线的实物外形,它的插头为标准莲花插头,两个插头分别用白色和红色标识。

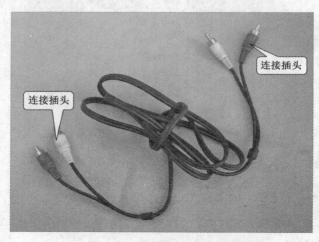

图7-17 音频线的实物外形

⑧连接时,将音频线一端的两个接头接到组合音响音频输出接口上,习惯上将白色插头接左声道,红色插头接右声道。组合音响的音频接口用文字(L、R或左、右)和白红两色对接口进行标识,连接时对应插入即可,具体连接操作如图7-18所示。

⑨与组合音响连接完毕后,将音频线另一端的插头对应插入到功放设备的音频输入插口中,图7-19所示为组合音响与功放设备的连接效果图。

(3)功放与高音喇叭的连接

①图7-20所示为功放与阻抗匹配变压器的连接。由功放输出的音频线缆首先接阻抗匹配变压器(升压变压器)的低阻抗端,然后由阻抗匹配变压器(升压变压器)高阻抗端的引线与传输电缆和接地电缆相连接。

图 7-18　连接音频线与组合音响的具体操作

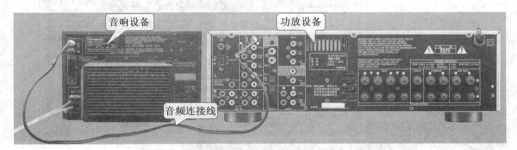

图 7-19　组合音响与功放设备的连接效果图

图 7-20　功放与阻抗匹配变压器的连接

②经导线传输后,送到喇叭端的匹配变压器的高阻抗端,变压器的低阻抗端接高音喇叭,具体连接如图 7-21 所示。

③该功放提供了前置、中置、后置、环绕等多个扬声器接口,如图 7-22 所示。从接口处的文字标识便可知道接口输出的额定阻抗为 6～16 Ω,完全符合输出的要求。

④组建的广播系统并不需要完美的音质效果,因此选择使用前置扬声器的一组接口即可。

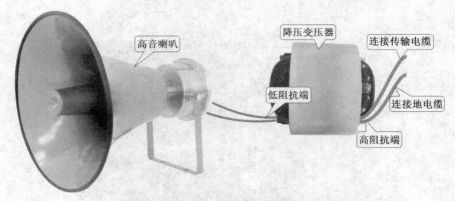

图 7-21   高音喇叭与阻抗匹配变压器的连接

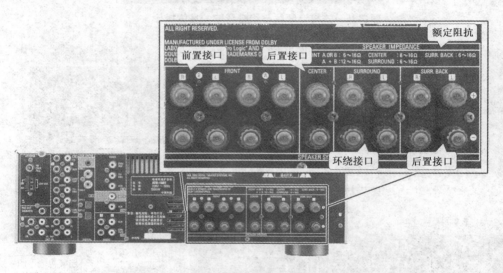

图 7-22   功放与外接扬声器的连接接口

⑤连接功放的输出线缆与连接音箱时的线缆基本类似,加工方法也基本相同,所不同的是,音箱线缆的连接是采用插接卡紧方式,而功放处的线缆连接是采用绕接锁紧方式。因此,剥削线缆绝缘皮后,露出的金属线长度约为 1.5cm。

⑥将功放背部的旋钮旋松,将输出线缆的金属线部分绕接在接线柱上,绕接好后,旋紧旋钮,即可完成与功放一端的连接,然后按照同样方法完成接地线缆的连接,图 7-23 所示为具体连接效果图。

⑦将输出线缆和接地线缆的另一端与阻抗匹配变压器的低阻抗端进行连接,连接的方法与普通导线连接的方法类似,将音频连接线缆的线芯与阻抗匹配变压器低阻抗端引线的线芯拧在一起,然后用绝缘胶布包好即可。

⑧按照同样方法,完成阻抗匹配变压器高阻抗端的引线与传输电缆的连接。

⑨传输电缆可从屋顶或穿墙孔引出,并送到室外水泥杆上,经降压变压器最终实现高音喇

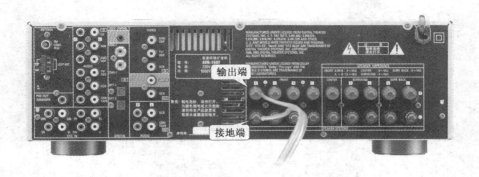

图 7-23 功放背部旋钮的背部连接效果图

叭的安装连接。

注意:在所有操作过程中,要确保广播站的总开关处于断开状态。

(4)高音喇叭的安装连接

① 电工带上脚扣以及保护绳进行登杆操作时,首先将横担安装固定在电杆上,然后利用铁丝将高音喇叭固定在安装的横担上,如图 7-24 所示。

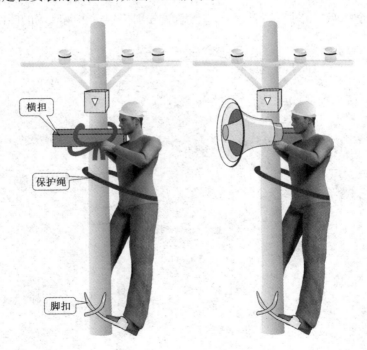

图 7-24 安装高音喇叭

② 将广播站输送出来的传输电缆经阻抗匹配变压器(降压变压器)与高音喇叭进行连接,并将降压变压器的输入端(高阻端)与传输线相连,具体操作如图 7-25 所示。

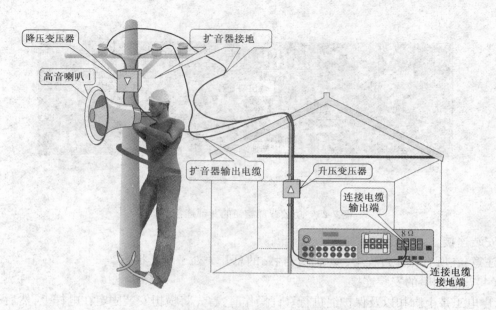

图 7-25　连接高音喇叭与扩音器

③如连接多个喇叭，如图 7-26 所示。将传输线分别接到每个喇叭端的匹配变压器输入端。

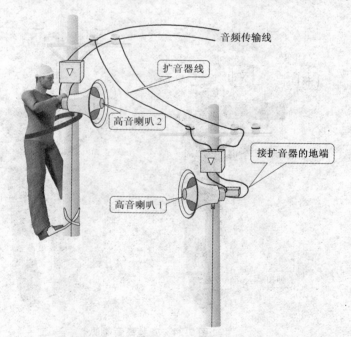

图 7-26　连接两个串联喇叭之间的电缆

④另外两根电线杆上的喇叭也以同样的方法进行连接，使扩音器与高音喇叭互相匹配。

⑤连接完成后,将农村广播站的总开关接通,即可通过话筒进行广播试验。

7.2　农村有线电视系统的安装技能

有线电视系统(Cable Antenna Television,CATV),是采用光缆或电缆传输电视信号的系统。系统中所传输的信号为电视射频信号,是一种宽频带电视传输系统,该系统通过同轴电缆分配网络,将电视信号高质量地传送到农村的每家每户。

7.2.1　农村有线电视系统的结构

图 7-27 所示为农村有线电视系统的规划示意图。有线电视线进入室内时,需要经过室内入户线盒的分配。该线盒可以将引进室内的有线电视线进行分配,变成多路分支,从而实现多户家庭有线电视的接收。有线电视线进入分配器以后,在室内线盒中被分成了两个支路,其中一个支路送到用户 1 的终端盒,通过终端盒连接电视机,另一个引到用户 2 连接另一台电视机。

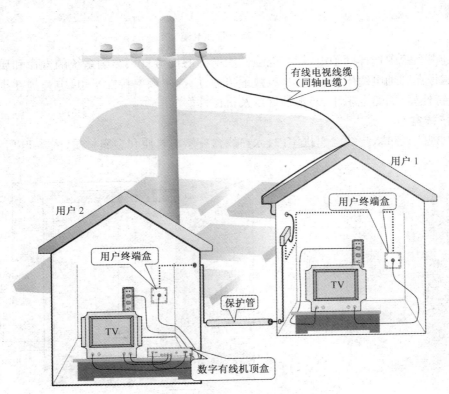

图 7-27　农村有线电视系统的规划示意图

由图可知,用户 1 的有线信号直接送到彩色电视机中,收视的节目取决于电视机的性能;用户 2 接有一个数字有线机顶盒,电视机可借助机顶盒收看数字电视节目。农村电工在规划时,可根据用户的要求以及具体的设备进行选择和配置。

1. 同轴电缆

在有线电视系统进入农村后,一般采用同轴电缆。同轴电缆是一种具有屏蔽层的传输线,但与普通的导线不同,它的结构是中心为圆形导线,称为线芯;线芯外紧密包裹的绝缘材料,称为内绝缘层;内绝缘层外面又包有金属丝编织的金属网或金属箔,称为屏蔽层;最外层是塑料护套。有线电视系统传输电视射频信号就使用这种同轴电缆,如图 7-28 所示。

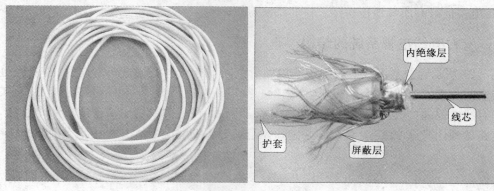

图 7-28   同轴电缆

有线电视系统中选择同轴电缆时,电缆性能指标的优劣直接影响系统的寿命和质量,为了保证电视信号在同轴电缆中长期稳定、有效地传输,应选用频率特性平坦、电缆损耗小、传输性能好、屏蔽特性好、回路电阻小、防水性好以及机械性好的电缆。

2. 入户线盒

有线电视线经过入户线盒引进室内,入户线盒有塑料材质和金属材质,图 7-29 所示为常见的入户线盒。

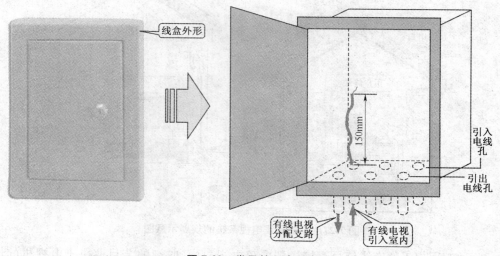

图 7-29   常见的入户线盒

3. 分配器

分配器可将引入用户的一根有线电视线分为两路或多路输出,图 7-30 所示为常见的有线电视分配器,图中为一路输入两路输出的分配器,此外还有一分为三和一分为四的分配器。

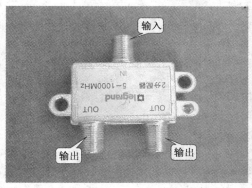

图 7-30　有线电视分配器

4. 用户终端盒

用户终端盒是系统与用户电视机连接的端口,图 7-31 所示为用户终端盒的实物外形。有的终端盒带有 2 个插口,可分别与电视机和收音机相连(接收调频音乐节目)。

图 7-31　用户终端盒

7.2.2　农村有线电视系统的安装

农村有线电视系统的安装主要包括入户线盒的安装、用户终端盒的安装和电视机与有线电视终端盒的连接 3 大部分。

1. 入户线盒的安装方法

在农村,可以利用入户线盒将有线电视线路分配到每家每户。下面以两个家庭的有线电视连接线路为例,介绍入户线盒的安装方法。

①图 7-32 所示为入户线盒的内部结构。由图可知,有线电视线是利用分配器将外接电视线分成两个支路。

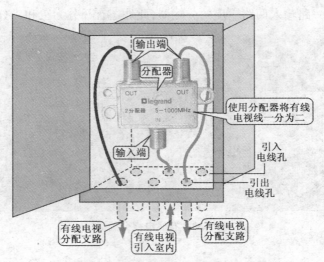

图 7-32　入户线盒的内部结构

②在连接分配器时需使用同轴电缆,所以需要制作合适的接头。常用的分配器接头主要有 F 接头或 BNC 接头。在连接前,还需准备好压接钳,图 7-33 所示为压接钳与 F 接头的实物外形。

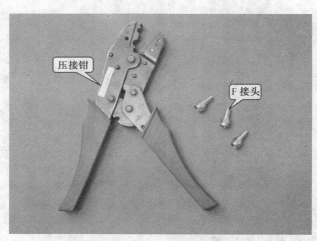

图 7-33　压接钳与 F 接头的实物外形

③使用剪刀将同轴电缆的护套剪开,如图 7-34 所示。剪开护套时注意不要将线缆内部的屏蔽网、绝缘层以及铜芯等部分剪坏。剪开护套后,将馈线网状屏蔽层向外翻折,避免屏蔽层与铜芯之间短路。

④翻折屏蔽层后,再用剪刀将绝缘层剪下,注意不要将内部的铜芯剪断,将绝缘层剪到与护套剪切口处相距 2~3 mm 的位置,如图 7-35 所示。

⑤将 F 接头的卡环先套入馈线备用,然后将 F 接头装上,如图 7-36 所示。装入时,将 F 接头装在绝缘层与屏蔽层之间,使屏蔽层紧挨着 F 接头的外侧。

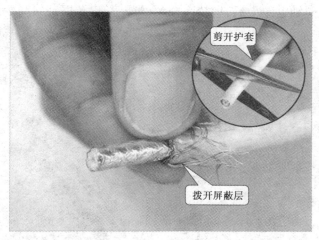

剪开护套

拨开屏蔽层

图 7-34 剪开同轴电缆的护套

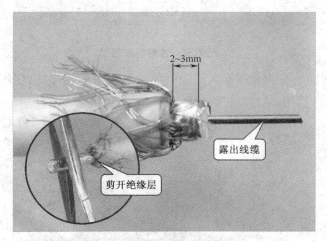

2~3mm

露出线缆

剪开绝缘层

图 7-35 剪开同轴电缆的绝缘层

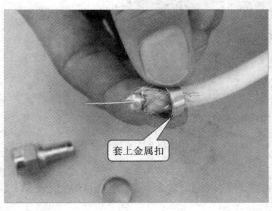

套上金属扣

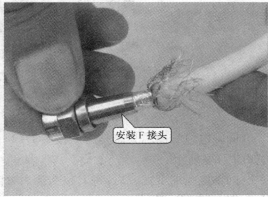

安装 F 接头

图 7-36 F 接头的安装

⑥F 接头安装到同轴电缆上后,剪掉多余的屏蔽层,以免屏蔽线与铜芯相连发生短路,如图 7-37 所示。

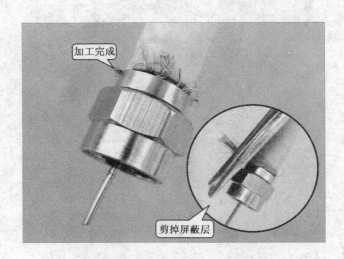

图 7-37　修剪屏蔽层

⑦将事先套入同轴电缆的卡环移到同轴电缆与 F 接头的连接处,用压接钳将卡环固定在同轴电缆上,如图 7-38 所示。

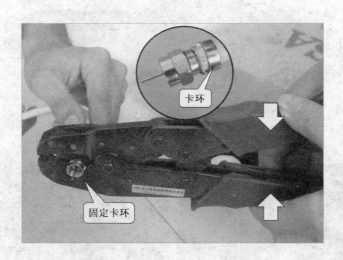

图 7-38　固定卡环

⑧同轴电缆的铜芯只需露出 F 接头 1~2 mm 即可,因此可以使用偏口钳将多余的铜芯剪掉,如图 7-39 所示。

⑨同轴电缆加工完成后,将 F 接头插入分配器的输入端,拧紧 F 接头上的螺钉,使其固定在分配器上,如图 7-40 所示。

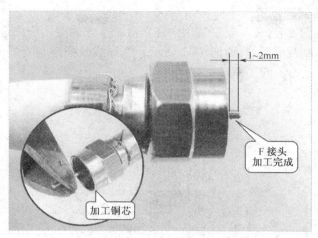

图 7-39　剪掉多余的铜芯

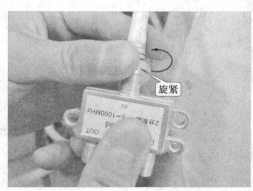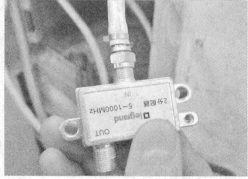

图 7-40　将 F 接头插入分配器的输入端

⑩将两根制作完成的同轴电缆的 F 接头插入分配器的两个输出端,拧紧 F 接头上的螺钉,使其固定在分配器上,如图 7-41 所示。连接完成后,输出的同轴电缆连接到有线电视的终端接口。

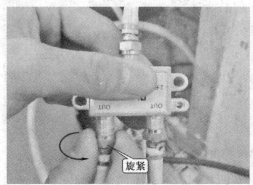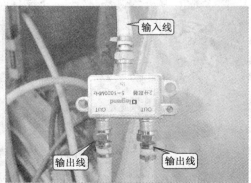

图 7-41　将 F 接头插入分配器的两个输出端

2. 用户终端盒的安装方法

入户总线盒安装完成后,还需要安装用户终端盒。首先确定用户终端盒的安装位置,安装时要注意避开电源插座及电源线,如图 7-42 所示。电源线及插座与有线电视线插座的水平间距不应小于 20cm,距地面不低于 30cm。

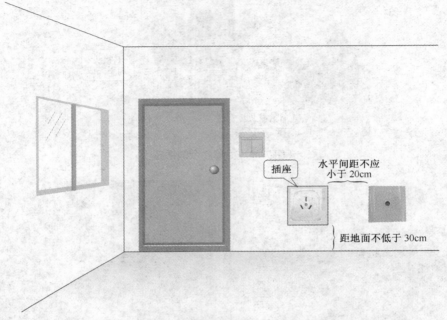

图 7-42　有线电视模块的安装位置

①用户终端盒内部采用的是接线柱的连接形式,因此只需要对同轴线缆进行简单的加工即可,如图 7-43 所示。对同轴电缆进行加工时,用剪刀将同轴电缆的护套层剪开,露出里面的绝缘层,注意不要伤损内部的屏蔽网。

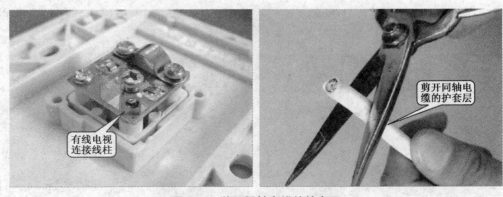

图 7-43　剪开同轴电缆的护套层

②将同轴电缆的网状屏蔽层向下翻转,使屏蔽网与铜芯不会连接在一起发生短路,然后将同轴电缆的内部绝缘层用剪刀剪断露出线芯,注意不要伤损铜芯线,如图 7-35 所示。

③加工好支路同轴电缆以后，就可以和用户终端盒的内部信息模板进行连接，如图 7-44 所示，将用户终端盒的护盖打开。

打开用户终端盒护盖

图 7-44　打开用户终端盒的护盖

④使用合适的旋具拧下用户终端盒固定同轴线缆固定卡的固定螺钉，将其固定卡拆除，如图 7-45 所示。

图 7-45　拆下同轴线缆的固定卡

⑤将同轴电缆的铜芯插入终端接口的接线孔内，然后将螺钉拧紧，如图 7-46 所示。铜芯固定完成后，将其同轴电缆固定在用户终端盒内部终端接口的金属扣内，使网状屏蔽线与金属扣相连，然后将螺钉拧紧，使其将同轴电缆固定。

⑥确认同轴电缆连接无误后，将有线电视终端接口放到合适位置用螺钉进行固定，如图 7-47 所示。

⑦固定好终端接口后，盖上用户终端盒的护盖，将有电视机射频电缆的高频接头插入用户终端盒，如图 7-48 所示。

3. 电视机与有线电视终端盒的连接

电视机与有线电视终端盒的连接分为两种方法，一种是电视机直接与有线电视终端盒进

 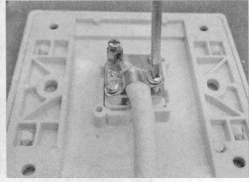

图 7-46　连接同轴电缆的铜芯

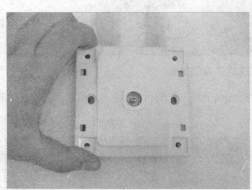 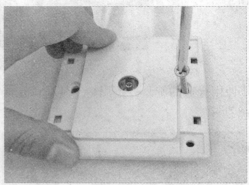

图 7-47　固定用户终端盒

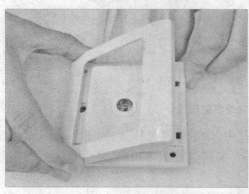 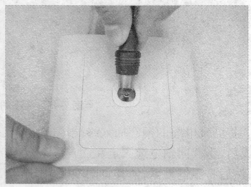

图 7-48　盖好用户终端盒的护盖,插入高频接头

行连接,另一种是电视机与有线电视终端盒的连接通过有线接收机顶盒。下面以第二种连接方法进行介绍。

　　图 7-49 所示为数字有线电视机顶盒的连接示意图。由图可知,数字有线电视机顶盒的射频输入端接有线电视用户终端盒,机顶盒视频、音频输出接口接电视机的音视频接口。

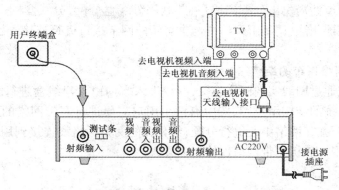

图 7-49　数字有线电视机顶盒的连接示意图

7.3　农村网络系统的安装技能

随着信息技术的发展,网络渐渐在农村家庭得到普及,如上网购物、聊天、玩游戏、发邮件等。一般在农村家庭多采用拨号上网的形式,这种网络形式是电话网络(或称电信网)。除了通过电话线进行拨号上网外,有些农村也已经提供了专门的网络线路进行上网,即宽带网。

7.3.1　农村网络系统的结构

1. 农村电信网络的结构

电信网络系统主要通过电话拨号实现网络连接,图 7-50 所示为农村电信网络系统的结构

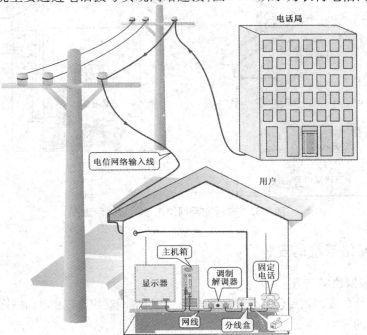

图 7-50　农村电信网络系统的结构示意图

示意图。电话线从电话局引出分配到用户，并利用分线盒分配，分线盒的一端与电话机相连，另一端与调制解调器相连，调制解调器再与主机箱的网卡接口进行连接，最后在电脑上进行相应设置即可。

2. 农村宽带网络系统的结构

宽带网络系统通过网线实现网络连接，网线进入室内由入户线盒进行分配。图 7-51 所示为农村宽带网络系统的结构示意图，图中有两个用户需要进行宽带网络的连接，在该实例中，网线经过网络中心，并在网络中心进行分配，经分配的两条网络线连接到用户 1 和用户 2 的网络接口上，从而实现计算机宽带网络连接。

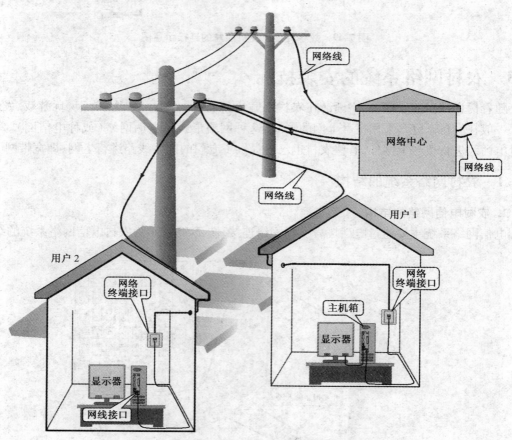

图 7-51　农村宽带网络系统的规划示意图

7.3.2　农村网络系统的安装

1. 农村电信网络的安装

农村电信网络的安装主要包括分线盒的连接、调制解调器的连接和电信网络的设置三大步骤。

（1）分线盒的连接

①图 7-52 所示为电信网络系统所使用到的分线盒，它主要是将电话线路分配到电话机和

调制解调器上。

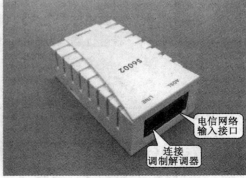

图 7-52 电信网络系统所使用到的分线盒

②将电信网络输入线接头插入分线盒的网络输入接口,再将制作好的电话线一端连接到分线盒的电话线接口,如图 7-53 所示。

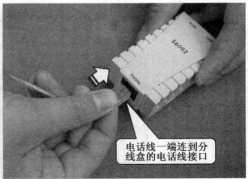

图 7-53 分线盒的连接

③将电话线的另一端与电话机相连,调制解调器连接线的一端与分线盒相连,如图 7-54 所示,至此分线盒连接完成。

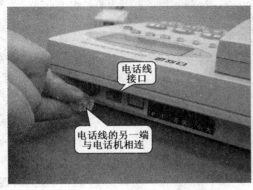
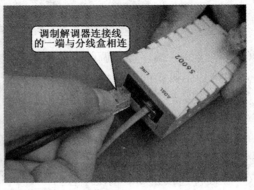

图 7-54 分线盒与电话机和调制解调器的连接

（2）调制解调器的连接

图 7-55 所示为典型调制解调器的实物外形，它是一种利用电话线路传输数据的设备，电脑的数据信号经调制解调器变成模拟信号再送到电话线路，同时，在接收信息时，通过电话网传来的模拟信号由调制解调器进行解调，解出模拟信号中所包含的数据信息再送给计算机。

图 7-55　典型调制解调器的实物外形

①将调制解调器与分线盒的连接线直接插入调制解调器的分线盒的连接接口上，如图 7-56所示。

图 7-56　调制解调器与分线盒的连接

②将网线的一端连接到调制解调器的网线接口上，如图 7-57 所示。连接完成后，将网线的另一端连接到主机箱的网线接口上。

③将电源线连接到调制解调器的电源接口上，如图 7-58 所示。

（3）电信网络的设置

电信网络连接完成后，需在电脑上进行相应的设置，同时与地方电话局联系，申请一个上网账号（通常是电话号码）和密码。

① 在硬件连接正确的情况下，选择"开始"→"所有程序"→"附件"→"通信"→"新建连接向导"命令，弹出"新建连接向导"对话框，如图 7-59 所示。

图 7-57   调制解调器的网线连接

图 7-58   连接电源线

图 7-59   "新建连接向导"对话框

②单击"下一步"按钮,选择"连接到 Internet"选项,如图 7-60 所示。

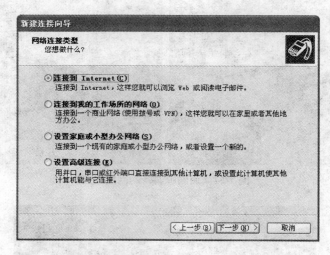

图 7-60　选择"连接到 Internet"选项

③单击"下一步"按钮,选择"手动设置我的连接"选项,如图 7-61 所示。

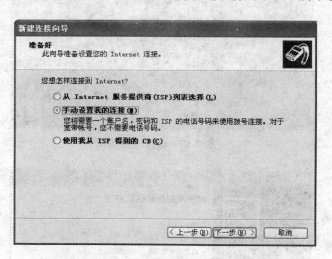

图 7-61　选择"手动设置我的连接"选项

④在下一步操作中,选择"用要求用户名和密码的宽带连接来连接"选项,如图 7-62 所示。

⑤单击"下一步"按钮,在 ISP 名称文本框中输入名称,如 ADSL,如图 7-63 所示。

⑥ 单击下一步,在该对话框中输入用户名和密码,如图 7-64 所示。

⑦单击下一步,选中"在我的桌面上添加一个到此连接的快捷方式"选项,单击"完成"按钮,如图 7-65 所示。

⑧双击桌面上的"ADSL"连接,弹出如图 7-66 所示的对话框,在这里输入用户名与密码,单击"连接"按钮,即可与 Internet 进行连接。

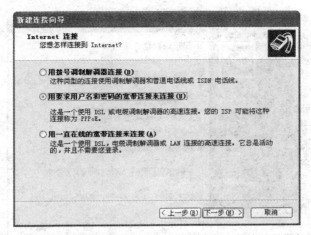

图 7-62　选择"用要求用户名和密码的宽带连接来连接"选项

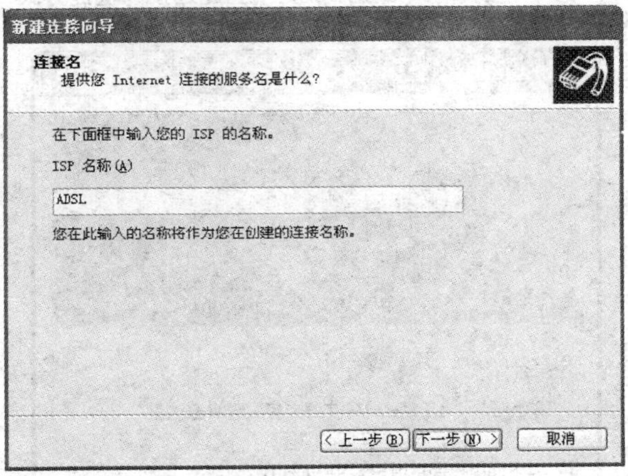

图 7-63　输入 ISP 名称

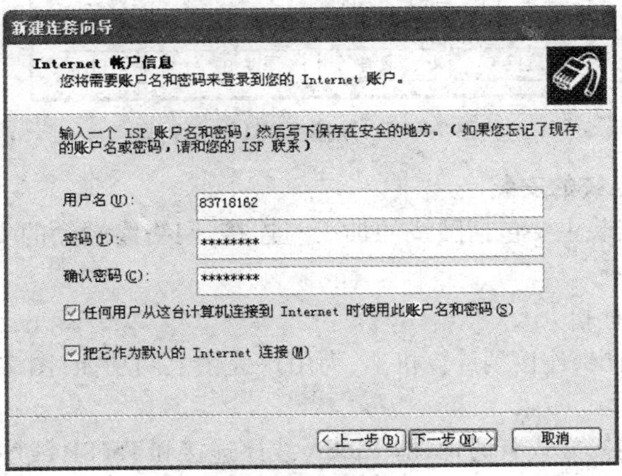

图 7-64　输入用户名和密码

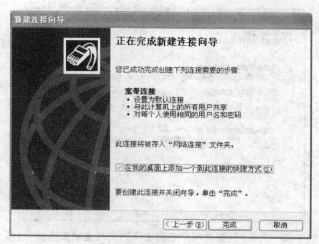

图 7-65　选中"在我的桌面上添加一个到此连接的快捷方式"选项

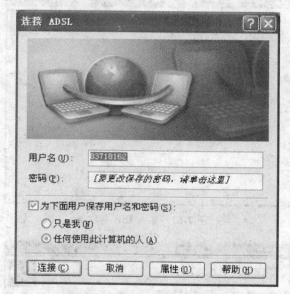

图 7-66　"连接 ADSL"对话框

2. 农村宽带网络系统的安装

农村宽带网络的安装主要包括网线的加工与连接、网络终端盒的安装、网络协议与 IP 的设置方法三大步骤。

（1）网线的加工与连接

网线从网络接口引出，连接到计算机上，为用户提供上网功能，图 7-67 所示为典型网线终端接口。

网线终端接口的连接方式有两种，即 T568A 线序连接和 T568B 线序连接，这两种连接方式主要是网线的排序不同。图 7-68 所示为终端接口的两种线序方式。

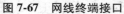

图 7-67　网线终端接口

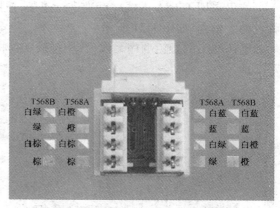

图 7-68　终端接口的两种线序方式

在进行终端接口的连接时,应首先对网线进行加工,如图 7-69 所示。用压线钳的剥线刀口在双绞线端头 2cm 处轻轻割破双绞线的绝缘层,注意不要伤损双绞线的线芯。

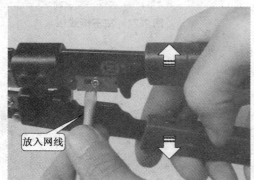

图 7-69　割破双绞线的绝缘层

将被割断的绝缘层抽出,露出双绞线的四对单股线芯,分别为白橙和橙、白绿和绿、白蓝和蓝、白棕和棕。然后将 8 根线芯的末端用压线钳的剪线刀口剪齐,剪完后的效果如图 7-70 所示。

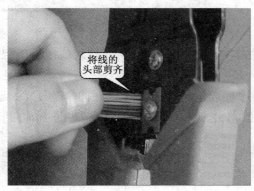
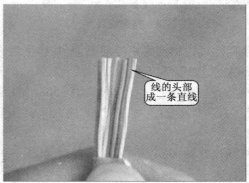

图 7-70　剪齐双绞线头部

　　这里采用 T568A 的线序标准进行连接,按照接口提示将双绞线线头对准终端接口相对应颜色的线槽内,如图 7-71 所示。

　　确认线头的颜色顺序无误后,用打线工具将已放好的线压入线槽的金属卡片中卡好,如图 7-72 所示。

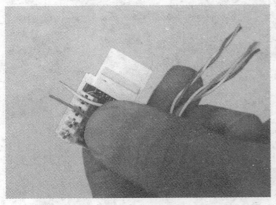

图 7-71   将双绞线插入线槽内

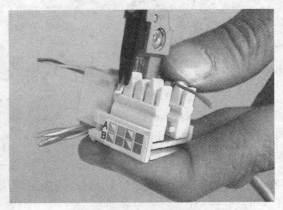

图 7-72   按下压线板

　　按照同样方法完成其他的连接,完成后如图 7-73 所示。

　　网络接口和水晶头进行连接,图 7-74 所示为 RJ-45 网线水晶头。

图 7-73   完成连接

图 7-74   RJ-45 网线水晶头

　　使用压线钳将网线绝缘层剥去,并将网线末端展开,并用剪刀剪齐网线,剪线时确保长度为 1cm 左右,如图 7-75 所示。

　　水晶头与网线的连接同样采用 T568A 的线序标准进行连接,即按照白橙、橙、白绿、蓝、白蓝、绿、白棕、棕的颜色顺序排列,插入水晶头底部,并放入压线钳的压线槽内进行加工,如图 7-76 所示。

　　将制作好的水晶头插入网络接口,如图 7-77 所示。此时,入户线盒中网络线的连接已经全部完成。

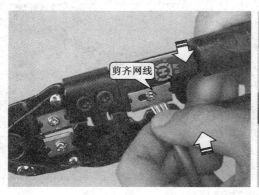
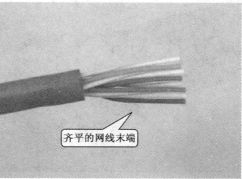

图 7-75 剪切线芯

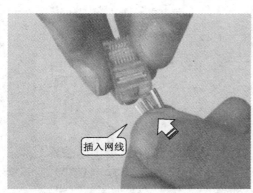
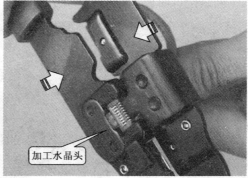

图 7-76 将线芯插入水晶头

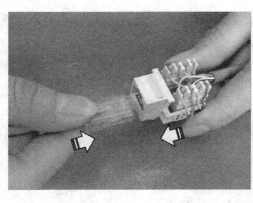
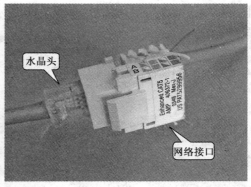

图 7-77 网络线连接完成

入户线盒内的线路已经连接完毕,接下来找到网线接口面板的安装位置,将安装槽内预留网线的绝缘层剥去,如图 7-78 所示。

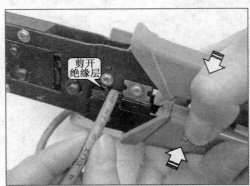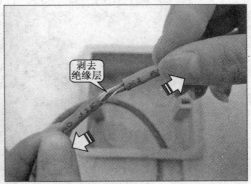

图 7-78　剥去绝缘层

将露出的双绞线线芯剪切整齐,以防在制作完成后出现接触不良现象。

取下网络接口面板,如图 7-79 所示。

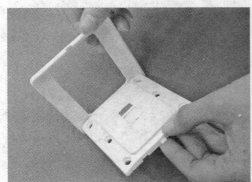

图 7-79　取下网络接口面板

取下压线式接线盒的压线板,如图 7-80 所示。从图中可以看到,这个压线板有两个线槽用于放置线芯。

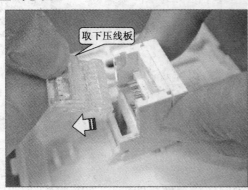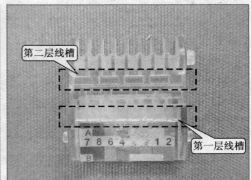

图 7-80　压线板

按照 T568A 的线序标准将网线全部穿入压线板的线槽中,如图 7-81 所示。

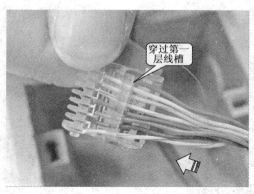
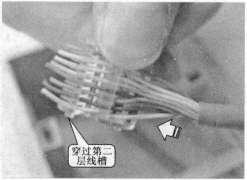

图 7-81　把网线插入压线板

将穿好网线的压线板插回接口，用力向下按压，如图 7-82 所示。

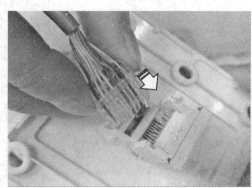
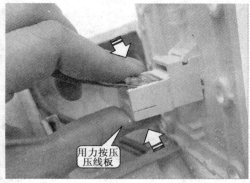

图 7-82　插回压线板

如果无法顺利地将压线板压入终端接口时，可以借助钳子压装压线板，如图 7-83 所示。网络接口即连接完成。

图 7-83　压下压线板

（2）网络终端盒的安装

选用合适的螺钉固定连接好的网络终端盒，如图 7-84 所示。

图 7-84　安装网络终端盒

安装网络终端盒面板如图 7-85 所示。

图 7-85　安装面板

（3）安装网络协议与设置 IP 地址

通常在安装与连接完成后，需要安装网络协议与设置 IP 地址，具体操作如下：

选择桌面上的"网上邻居"图标，单击右键，在弹出的快捷菜单中选择"属性"命令，如图 7-86 所示。

图 7-86　"网上邻居"属性打开方式

在弹出的网络连接窗口中选择"本地连接"图标，单击右键，在弹出的快捷菜单中选择"属性"命令，如图7-87所示。

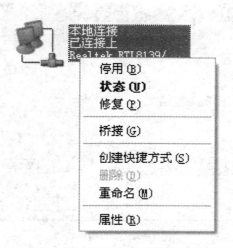

图7-87　"本地连接属性"打开方式

在"本地连接属性"窗口中单击"常规"→"安装"，在弹出的"选择网络组件类型"窗口中选择需要添加的网络协议，选定后再单击"添加"按钮，如图7-88所示。

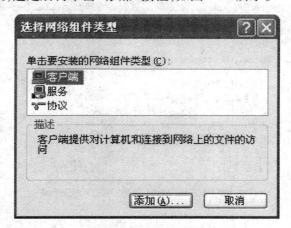

图7-88　添加网络组件

在单击"添加"按钮后则会弹出添加相应协议的复选框，如图7-89所示，单击"确定"按钮即可完成安装。

接下来设置IP地址，首先打开"本地连接属性"窗口，在该窗口中选中"Internet 协议（TCP/IP）"项目，并单击其下方的"属性"按钮，如图7-90所示。

在弹出的"Internet 协议（TCP/IP）属性"窗口中单击"常规"→"使用下面的IP地址"，此时IP地址栏和子网掩码栏从灰色变为黑色，从而可以在其后面的文本框中输入相应的IP地址和子网掩码，如图7-91所示。

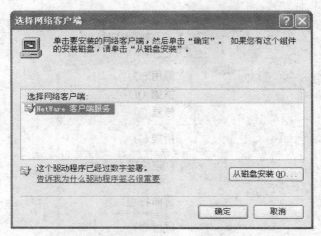

图 7-89　添加相应协议

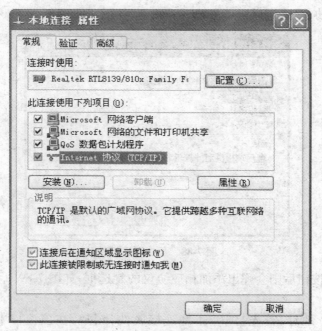

图 7-90　"本地连接属性"窗口

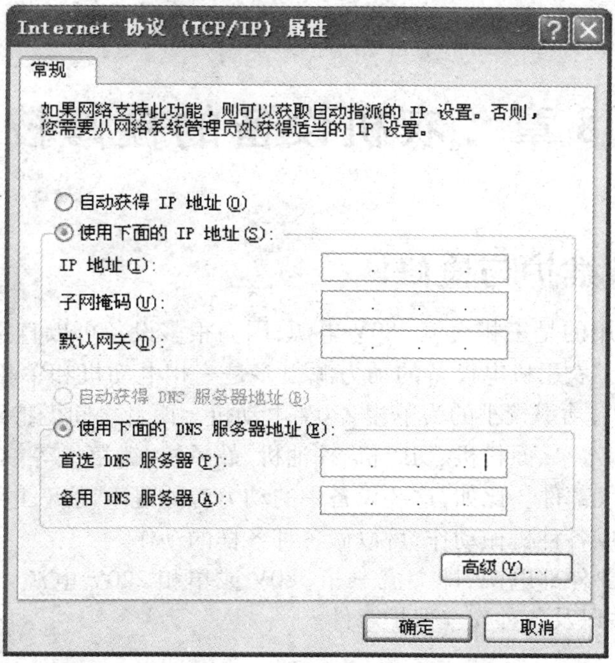

图 7-91　"Internet 协议（TCP/IP）属性"窗口

在小型网络中，IP 地址一般采用 C 类 IP 地址，如 192.168.11.7；子网掩码可以采用默认的掩码，即 255.255.255.0。在设置完成后单击确定即可。

第8章 农机设备的检修技能

8.1 农机设备维护与检修

我国动力用电采用的是三相交流 380V 电源,因而很多设备可以直接使用这种电源,而不需要电源的变换设备。农用机电设备的动力源很多是三相电动机和单相电动机,功率较大的多为三相 380V 电动机,功率较小的为单相 220V 电动机。两者之间无特别的界限。

农用机电设备,如水泵、面粉机、切碎机、榨油机、鼓风机、锄草机等。这些机械从电气部分来说有很多相同的电气部件。比如,这些设备中的动力源均是电动机,电动机旋转后通过齿轮或各种驱动机构变换成各种机械动作,可以做各种各样的动作。

这些机械设备需要外部电源,即交流三相 380V 或单相 220V 电源,来实现各种动作的控制,需要开关控制部件以及各种安全保护部件。

8.1.1 农机设备中的电动机

农机是很多农用机械的动力源,它通常采用交流三相 380V 电源或单相 220V 电源直接驱动,电动机再通过齿轮、皮带、链条等机构将动力传递到各种机构中完成各种工作,如饲料粉碎机、面粉加工机、磨面机、锄草机、抽水机等设备中的重要部件均是电动机。

常用的农用电动机有如下两种,如图 8-1 所示。其中三相交流感应电动机可以直接由三相 380V 电源供电,单相交流感应电动机则可由单相交流 220V 供电。农用电动机的功率有很多种,小的有几百瓦,大的有几千瓦。

(a)　　　　　　　　　　　　　　　　　(b)

图 8-1　常用农用电动机

(a)单相交流感应电动机　(b)三相交流感应电动机

1. 常用农用电动机的结构

（1）单相交流感应电动机的典型结构

单相交流感应电动机（单相异步电动机）的内部结构和直流电动机基本相同，由静止的定子、旋转的转子以及端盖等部分构成。但这种电动机的电源是加到定子绕组上的，无电刷和换向器，图 8-2 所示为典型单相异步电动机的内部结构。

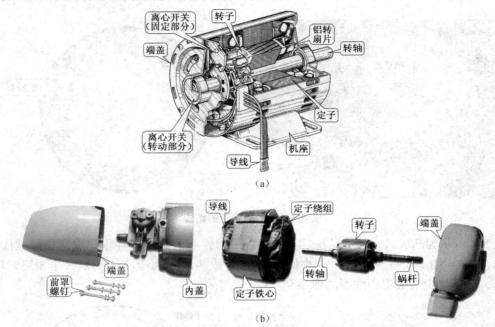

图 8-2 典型单相异步电动机的内部结构

（a）单相异步电动机的内部结构 （b）单相异步电动机的整机分解图

①定子部分。单相异步电动机的定子部分主要是由定子铁心、定子绕组和引出线等部分构成，如图 8-3 所示。其中引出线用于接通单相交流电为定子绕组供电，而定子铁心除支撑线圈外，主要功能是增强线圈所产生的电磁场。

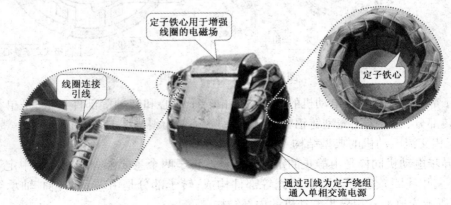

图 8-3 单相异步电动机的定子部分

　　单相异步电动机的定子结构有隐极式和凸极式两种形式。图 8-4 所示为隐极式定子的结构。隐极式定子由定子铁心和定子绕组构成,其中定子铁心是用硅钢片叠压成的。在铁心槽内放置两套绕组,一套是主绕组,也称为运行绕组或工作绕组;另一套为副绕组,也称为辅助绕组或启动绕组。在空间上相隔 90°,一般情况下,单相异步电动机的主、副绕组的匝数、线径是不同的。

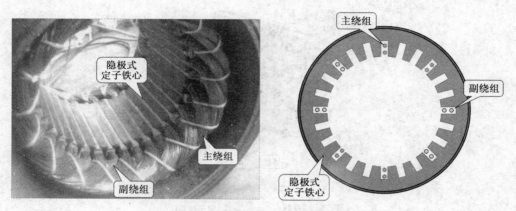

图 8-4　隐极式定子的结构

　　图 8-5 所示为凸极式定子的结构。凸极式定子的铁心由硅钢片叠压制成凸极形状固定在机座内,在铁心的 1/3~1/4 处开一个小槽,把铁心分成两部分,小部分上套装一个短路铜环,称为罩极。定子绕组绕成集中线圈的形式套在铁心上。

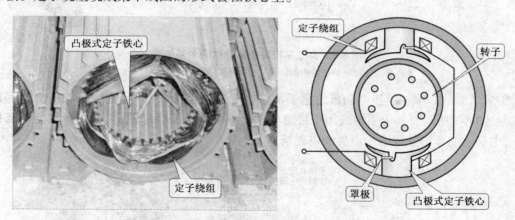

图 8-5　凸极式定子的结构

　　②转子部分。单相异步电动机的转子主要由转子铁心和转轴等部件构成,是单相交流电动机的旋转部分,通常采用笼型铸铝转子,转子铁心一般为斜槽结构,如图 8-6 所示。

　　(2)三相交流电动机的典型结构

　　三相异步电动机同样是由静止的定子和转动的转子两个主要部分构成。其中定子部分由定子绕组(三相线圈)、定子铁心和外壳等部件构成;转子部分是由转子、转轴、轴承等部分构成,图 8-7 所示为典型三相异步电动机的内部结构。

图 8-6　单相异步电动机转子部分

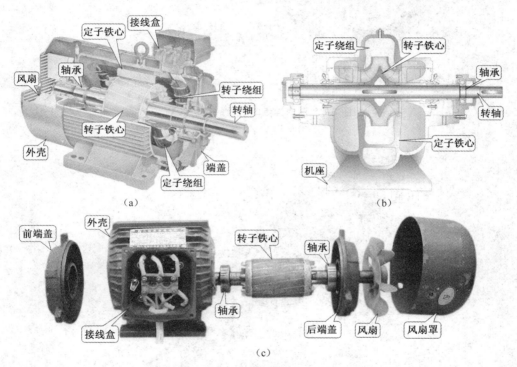

(a)　　　　　　　　　　　　　　　　(b)

(c)

图 8-7　典型三相异步电动机的内部结构

(a)三相异步电动机内部结构图　(b)三相异步电动机剖面示意图　(c)三相异步电动机整机分解图

①定子部分。三相异步电动机的定子部分主要由定子绕组、定子铁心和外壳构成,如图 8-8 所示。其中定子绕组有 3 组,分别对应于三相电源,它是定子中的电路部分,每个绕组包括若干线圈,对称地镶嵌在定子铁心的槽中。定子绕组的作用是通入三相交流电后产生旋转磁场;定子铁心是三相异步电动机磁路的一部分,由 0.35～0.5mm 厚表面涂有绝缘漆的薄硅钢片叠压而成。由于硅钢片较薄,而且片与片之间绝缘,所以减少了由于交变磁通通过而引起的铁心涡流损耗。

②转子部分。三相异步电动机的转子部分主要由铁心、转子绕组、转轴和轴承等构成,是三相异步电动机的旋转部分,其典型的结构如图 8-9 所示。三相异步电动机的转子绕组通常

采用笼型结构,转轴一般是用中碳钢制成,轴的两端用轴承支撑。

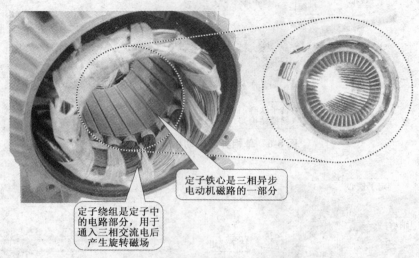

定子铁心是三相异步
电动机磁路的一部分

定子绕组是定子中
的电路部分,用于
通入三相交流电后
产生旋转磁场

图 8-8　三相异步电动机的定子部分

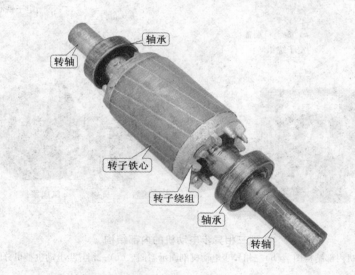

轴承

转轴

转子铁心

转子绕组

轴承

转轴

图 8-9　三相异步电动机转子部分

2. 农机设备中电动机的移动方法

(1)人工移动方法

由于电动机比较重,为防止在移动过程中损伤电动机,因而在移动过程中要防止冲击和振动,具体方法如图 8-10 所示。

(2)电动机的吊装方法

利用吊车等设备吊装电动机时注意吊装部位,防止损伤零部件,如图 8-11 所示。

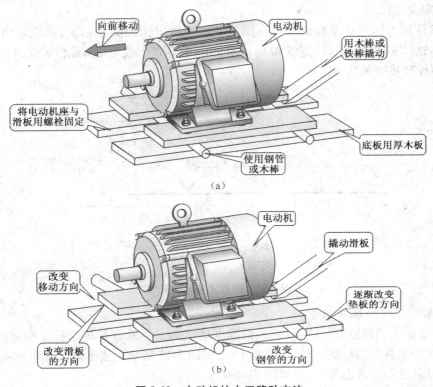

图 8-10　电动机的人工移动方法

(a)直行移动方法　(b)转向的方法

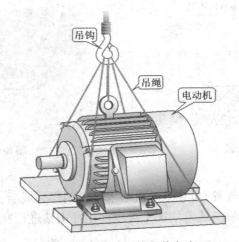

图 8-11　电动机的吊装方法

3. 电动机的安装

电动机重量大,工作时会产生振动,因此三相异步电动机不能直接放置于地面上,应安装固定在混凝土基座或木板上,其固定方式主要有固定式和非固定式两种。

（1）确定基座尺寸

图 8-12 所示为固定式基座的尺寸。固定基座一般采用混凝土制成,基座高出地面 100~150 mm,长、宽尺寸比电动机长、宽多 100~150 mm,基座深度一般为地脚螺栓长度的 1.5~2 倍,以保证地脚螺栓有足够的抗震强度。

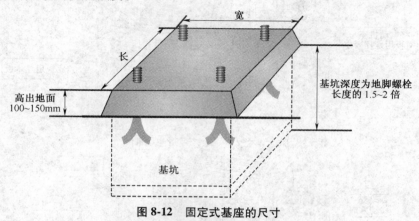

图 8-12　固定式基座的尺寸

（2）挖基坑并制作基座

首先确定好电动机的安装位置,然后根据电动机的大小确定基坑的长度和宽度。基坑挖足够深后,使用工具夯实坑底,以防止基座下沉,如图 8-13 所示。接下来在坑底铺一层石子,用水淋透并夯实,然后注入混凝土,砌成图 8-14 所示外形。

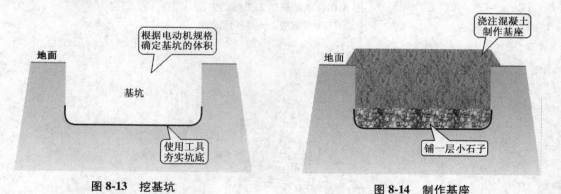

图 8-13　挖基坑　　　　　　　　　　**图 8-14　制作基座**

（3）冲击螺栓孔

如灌注水泥时未能预埋螺栓,可在电动机的水泥座制作完成后,采用金属涨管的方式装入螺栓,则应进行冲击螺栓孔操作,通常情况下可以使用冲击钻进行冲孔。

（4）埋入地脚螺栓

为保证螺栓埋设牢固,通常将带有螺栓的金属涨管埋入基座,图 8-15 所示。

（5）检查地脚螺栓的间距

检测地脚螺栓的间距,看是否与电动机底板的固定孔一致,公差是否在允许的范围内,以便能顺利地安装电动机组件,如图 8-16 所示。

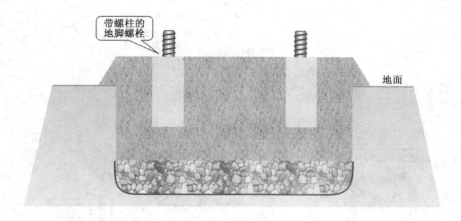

图 8-15　埋地脚螺栓

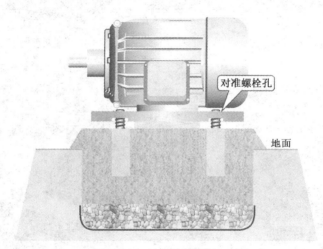

图 8-16　封固地脚螺栓

（6）安装电动机

待灌入的混凝土干燥后，将电动机水平放置在基座上，并将与地脚螺栓配套的固定螺母拧紧即可，如图 8-17 所示。

4. 电动机绝缘电阻的检测方法

电动机经常工作在环境比较恶劣的条件下，因而对绝缘电阻的要求比较高，否则易于产生漏电故障。电动机主要是检测绕组引线与外壳接地端之间、绕组与绕组之间的绝缘电阻值。

（1）绕组引线与外壳接地端之间绝缘电阻的检测

检测三相交流电动机的绕组与外壳间的绝缘性能时，应使用兆欧表进行检测。

具体操作方法如下：将红鳄鱼夹分别夹在三相绕组的接线柱上，将黑鳄鱼夹夹在电动机外壳上，用手匀速摇动兆欧表的摇杆，如图 8-18 所示。正常情况下，三相绕组对地的绝缘阻值均为无穷大。若检测结果较小或为 0，说明电动机绝缘性能不良或内部导电部分与外壳相连。

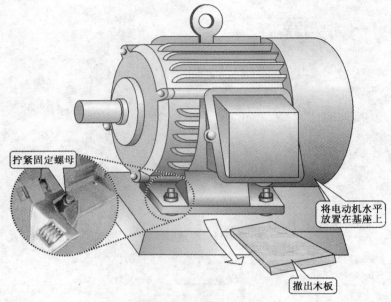

图 8-17　安装电动机

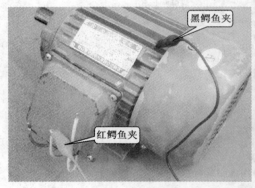 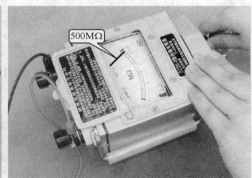

图 8-18　电动机绕组引线与外壳接地端之间绝缘电阻的检测

（2）绕组与绕组之间的绝缘电阻值的检测

检测三相交流电动机的线圈绕组间的绝缘性能时,应使用兆欧表分别对三组绕组间的绝缘阻值进行检测,检查绕组间是否有搭接的情况。

具体操作方法如下:将红、黑鳄鱼夹分别夹在 U 相绕组和 W 相绕组、U 相绕组和 V 相绕组、V 相绕组和 W 相绕组的接线柱上,用手匀速摇动兆欧表的摇杆,如图 8-19 所示。正常情况下,绝缘阻值应为无穷大。若检测结果较小或为 0,说明电动机绕组间绝缘性能不良或绕组线圈搭接在一起。

5. 电动机的供电及接线方法

农用机械电动机的供电和接线关系如图 8-20 所示。由于电动机的功率较大,安全很重要,因此要严格遵守供电接线要求。

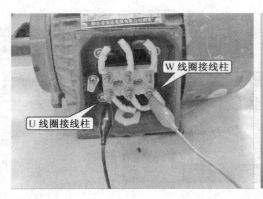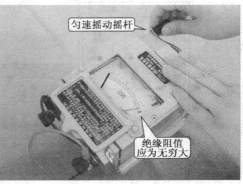

图 8-19　检测绕组间的绝缘阻值

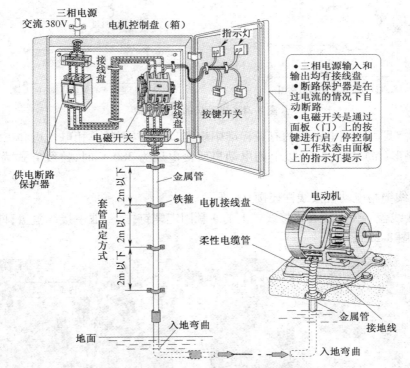

图 8-20　农用机械电动机的供电及连接关系

　　电动机的供电及接线主要是将控制箱引出的供电线缆的三根相线连接到三相异步电动机的接线柱上。

　　(1)确定接线方式

　　普通电动机一般将三相端子共 6 根导线引出到接线盒内。电动机的接线方法一般有两种,星形(丫)和三角形(△)联结,如图 8-21 所示。打开三相异步电动机的接线盖,即看到接线盖内侧标有该电动机的接线方式。

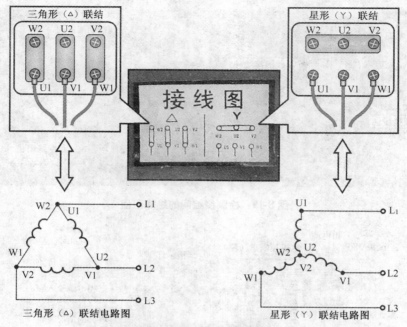

图 8-21　电动机的接线方式

一般来说,我国小型电动机的有关标准中规定,3kW 以下的单相电动机和三相电动机,其接线方式为星形(Y)联结;3kW 以上的电动机所接电压为 380 V 时,接线方式为三角形(△)联结。

(2)供电线缆与电动机接线柱连接

①拆下接线盖。使用旋具将接线盖上的 4 颗固定螺钉拧下,取下接线盒盖,即可看到内部的接线柱,如图 8-22 所示。

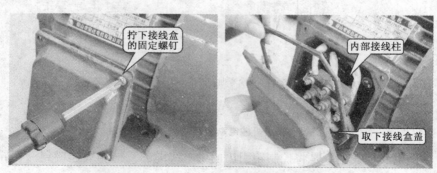

图 8-22　拆下接线盖

②查看接线方式。打开三相异步电动机接线盖,对照电动机的接线图可确定该电动机采用的是星型(Y)联结,如图 8-23 所示。

③连接线缆。根据星型(Y)联结,将 3 根相线(L1、L2、L3)分别与接线柱(U1、V1、W1)进行连接,如图 8-24 所示。将线缆内的铜芯缠绕在接线柱上,然后将螺母拧紧。

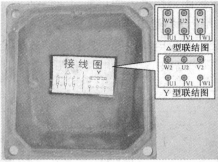

图 8-23　查看连接方式

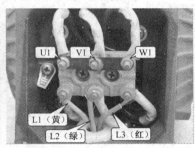

图 8-24　连接线缆

值得注意的是,供电线缆连接好后,一定不要忘记电动机接线盒内的接地端或外壳上接地线的连接,以防电动机壳带电引发触电事故,如图 8-25 所示。除接线盒内的接地端子外,还可

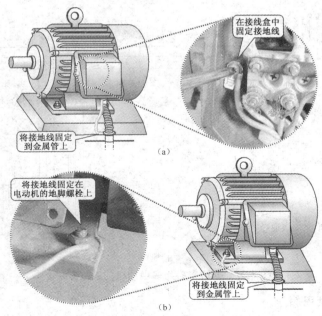

图 8-25　连接接地线

(a)有接地端子的连接方式　(b)无接地端子的连接方式

以在电动机的固定螺栓处连接地线,将它们统一固定到埋设的金属管上。

6. 电动机与补偿电容的连接

三相交流感应电动机能否发挥最佳效率是使用中值得注意的问题。功率越大越需要补偿电容,它可以提高效率,降低电能消耗。图 8-26 所示为电动机与补偿电容的典型连接方法。

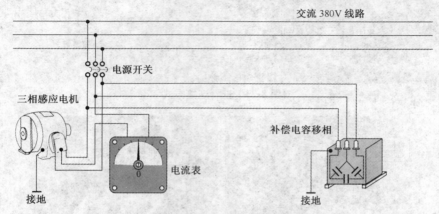

图 8-26　电动机与补偿电容的连接

对于使用多个电动机的情况,可以共用一个补偿电容,其具体连接方法如图 8-27 所示。

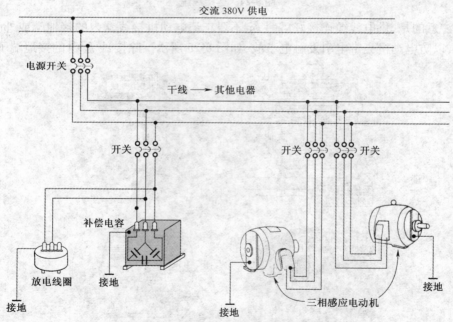

图 8-27　补偿电容与多电动机的连接方法

7. 电动机的控制电路

农用电动机常年连续工作,电动机本身或供电电源等方面易发生故障而引发事故。为防止漏电、短路、过电流、过热等故障引发的人体伤亡事故、火灾事故,必须在供电电路中设有多环节保护措施,以确保安全生产。图 8-28 是典型三相交流电动机的供电控制器件的连接图。图中显示出了各种器件的外形及连接关系。

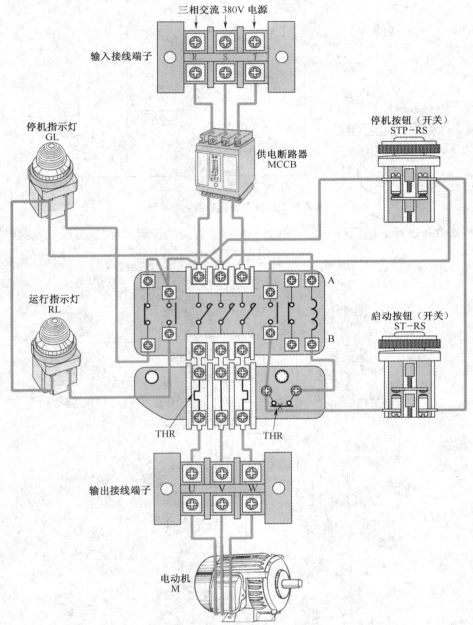

图 8-28　典型三相电动机的供电控制系统

图 8-29 是上述系统的电路图。

8. 电动机的远程控制方法

农用机械场在野外露天环境,操作控制人员可通过远程控制电路进行远程控制,从而实现

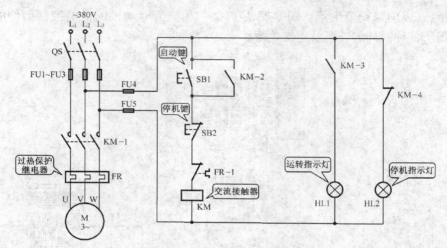

图 8-29　三相电动机的供电电路图

一人对多处设备进行远程控制。图 8-30 是一种可进行现场控制，也可进行远程控制的实例。

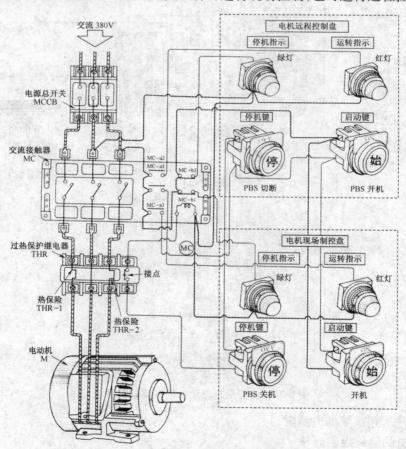

图 8-30　电动机的现场和远程控制方法

8.1.2　农机设备中的常用控制部件

1. 控制按钮

控制按钮是一种手动操作的电气开关,其触点允许通过的电流很小,因此,一般情况下,控制按钮不直接控制主电路的通断,图 8-31 所示为典型几种按钮的实物外形及内部结构图。

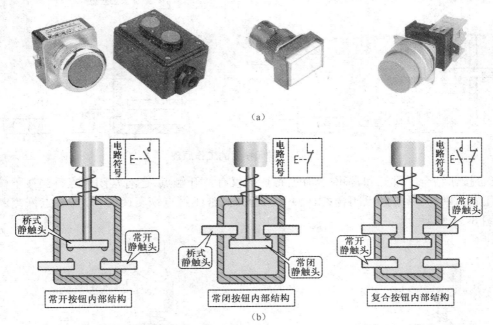

图 8-31　典型几种控制按钮的实物外形及内部结构

（a）按钮开关的实物外形　　（b）按钮开关的内部结构

不同类型的控制按钮,其内部结构也有所不同,常见的有常开按钮、常闭按钮、复合按钮三种。主要是由按钮帽(操作头)、弹簧、桥式静触头和外壳等组成。

常开按钮常态下触点处于常开的状态,当按下其按钮帽时,常开的触点变为闭合状态;松开按钮帽后,由于复位弹簧的作用,使触点恢复初始断开的状态,如图 8-32 所示。

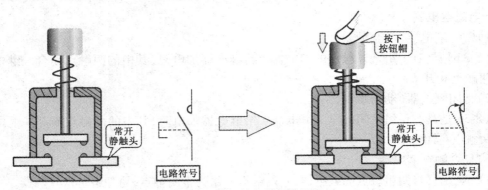

图 8-32　常开按钮的工作原理

常闭按钮,其工作原理正好与常开按钮相反。当按下按钮帽时,触点断开;松开按钮帽时,触点恢复初始的闭合状态,如图 8-33 所示。

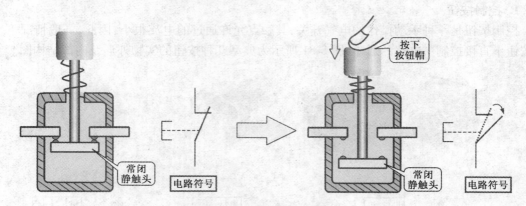

图 8-33　常闭按钮的工作原理

复合按钮结合了常开和常闭按钮的特点,不仅有常开触点,还有常闭触点。当按下按钮帽时,常闭触点断开,常开触点闭合;当松开按钮帽时,常闭触点恢复闭合,常开触点恢复断开状态,如图 8-34 所示。

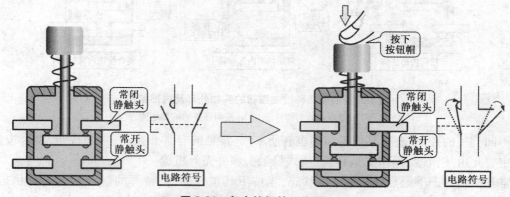

图 8-34　复合按钮的工作原理

2. 电磁继电器

（1）常开继电器（动合触点）

图 8-35 是具有一组常开触点的继电器。给继电器加电时,其中的两触点闭合。继电器断电后,两触点断开。

（2）常闭继电器（动断触点）

图 8-36 是具有一组常闭触点的继电器。给继电器加电时,其中的两触点断开。继电器断电后,两触点再闭合。

（3）复合触点继电器

图 8-37 是具有两组触点的继电器,它的触点一组为常闭触点,另一组是常开触点。

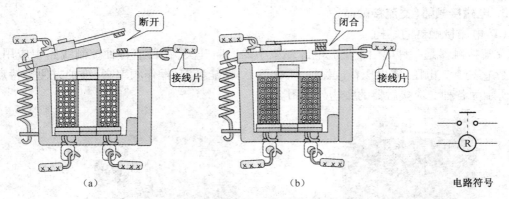

图 8-35　具有常开触点的继电器

(a)复位状态　(b)动作状态

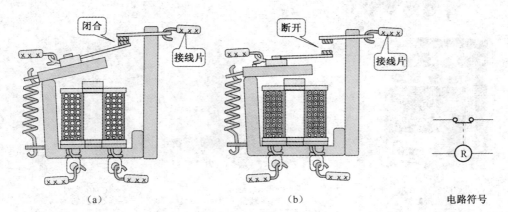

图 8-36　具有常闭触点的继电器

(a)复位状态　(b)动作状态

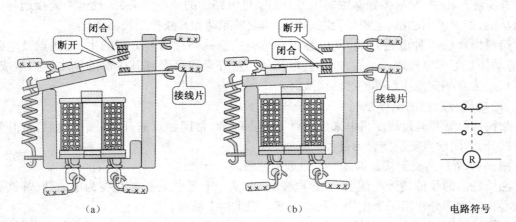

图 8-37　具有复合触点的继电器

(a)复位状态　(b)动作状态

3. 电磁接触器（交流接触器）

（1）电磁接触器的结构

交流接触器是一种应用于交流电源环境中的通断开关，在目前各种控制线路中应用最为广泛。它具有欠电压、零电压释放保护、工作可靠、性能稳定、操作频率高、维护方便等特点，图8-38所示为各种交流接触器的实物外形图。

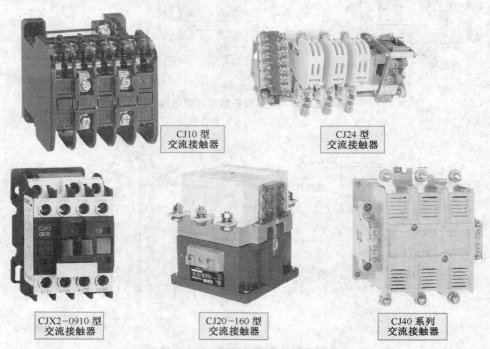

图 8-38   各种交流接触器的实物外形

在实际应用中，交流接触器主要作为交流供电电路中的通断开关，实现远距离接通与分断电路功能，如交流电动机、电焊机及电热设备的频繁起动和开断控制线路中。

接触器作为一种电磁开关，其内部主要是由控制线路接通与分断的主、辅触点及电磁线圈、静动铁心等部分构成。一般，拆开接触器的塑料外壳即可看到其内部的基本结构组成，图8-39所示为典型交流接触器的结构组成。

（2）电磁接触器的工作原理

交流接触器是通过线圈得电来控制常开触点闭合，常闭触点断开；线圈失电后，常开触点复位断开，常闭触点复位闭合的过程。

图 8-40 所示为交流接触器的工作原理示意图。

当接触器的线圈通入电流后，根据电磁效应，两个 E 型铁心被磁化变为电磁铁，静铁心和动铁心相向的部分相当于磁铁的 N 极和 S 极，如图 8-41 所示。

根据异性相吸特性，两个铁心之间产生吸引力，由于静铁心固定，动铁心则压缩弹簧向下移动，同时带动铁心所连接的触点也向下，原本闭合的常闭辅助触点断开，常开主触点闭合，如图 8-42 所示。

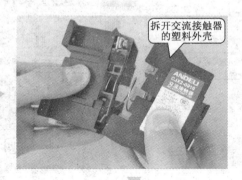

拆开交流接触器
的塑料外壳

CKX2-0910 型
交流接触器

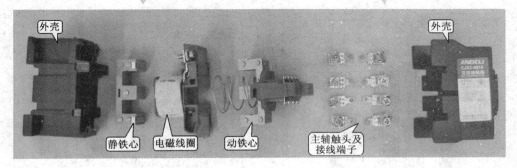

外壳　　外壳

静铁心　电磁线圈　动铁心　主辅触头及
接线端子

图 8-39　典型交流接触器的结构组成

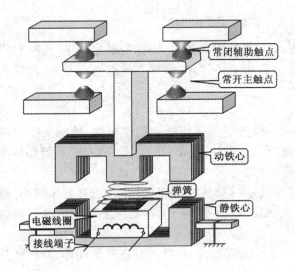

常闭辅助触点

常开主触点

动铁心

弹簧

静铁心

电磁线圈

接线端子

常闭辅助触点

常开主触点

弹簧

动铁心

接线端子

静铁心

电磁线圈

图 8-40　交流接触器的工作原理示意图

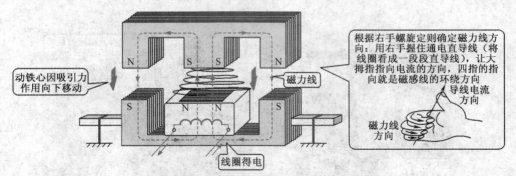

图 8-41　接触器线圈得电产生电磁感应

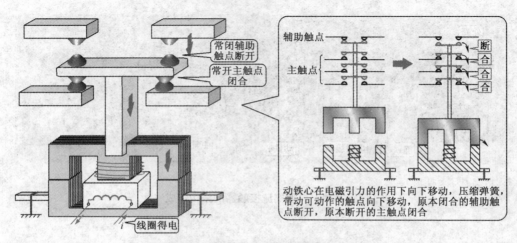

图 8-42　接触器线圈得电的工作过程

当接触器的线圈失去电流时,磁力消失,E 型铁心失去磁力,在弹簧的作用下,动铁心向上移动与静铁心分离,同时带动铁心所连接的触点向上,闭合的常开主触点复位断开,断开的常闭辅助触点复位闭合。

4. 过热保护继电器(热继电器)

热继电器是一种电气保护元件,它是利用电流的热效应推动动作机构,使触头闭合或断开。由于热继电器发热元件具有热惯性,因此在电路中不能作瞬时过载保护,更不能作短路保护,图 8-43 所示为典型热继电器的实物外形和电路符号。

热继电器主要由调整整定电流装置、复位按钮、热元件、常闭触点组成,具有体积小、结构简单、成本低等特点,主要用于电动机的过载保护、电流不平衡运行的保护及其他电气设备发热状态的控制。

当热继电器的热元件检测到温度达到设定的温度值时,其常闭触点开始动作,从而断开电路,如图 8-44 所示。

当热继电器正常工作时,温度未有达到设定的温度值,其触点处于初始状态,不发出任何动作,如图 8-45 所示。

图 8-43　典型热继电器的实物外形和电路符号

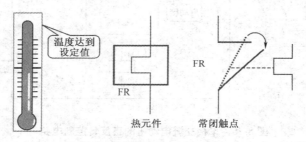

图 8-44　温度达到设定值,常闭触点动作

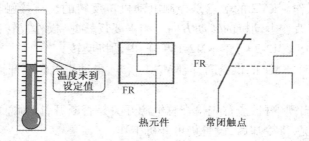

图 8-45　温度没有变化时,常闭触点不发出动作

8.2　常用农机设备的电气原理与检修

8.2.1　单相电动机正反转控制电路的结构及检修

图 8-46 所示是单相交流电动机的正反转控制电路。它是由总电源开关 QS,转动方向控制电路、交流接触器 KM1、KM2 等部分构成。

1. 工作原理

接通总电源开关 QS 后,交流 220V 电源为电动机驱动控制电路供电,处于待机状态。

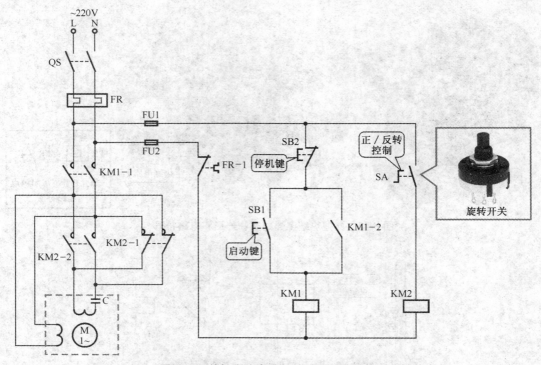

图 8-46　单相交流电动机的正反转控制电路

按动启动开关 SB1 时,使交流接触器 KM1 的线圈得电,KM1 动作,于是 KM1-1、KM1-2 触点接通,电动机得电工作。KM2 的触点是控制电动机正反转的交流接触器。改变电动机绕组 U_1 和 U_2 的接线就可以改变电动机的转动方向。当需要反转时,操作反转键 SA,KM2 的线圈得电,KM2 的触点动作,使 KM2-2 闭合,KM2-1 断开,电动机反转。

按动停机键 SB2 时,KM1 的供电断开,KM1-1 断开,电动机电源断开,停机。

2. 故障检修

如果工作过程中出现停机,应首先检查总电源开关是否断开,因为总电源开关具有过热保护功能。如出现此情况,待冷却后,设备仍可开机工作。

如果总电源工作正常,接下来应检查绕组是否有断路或短路情况。用万用表检测电动机的绕组 U_1、U_2 端和 V_1、V_2 端。正常时其阻值比较小,约为几欧姆;如果出现无穷大或阻抗为 0,则应检测绕组或更换电动机。

8.2.2　稻谷加工机电气控制电路的故障检修

图 8-47 是稻谷加工机电气控制电路,稻谷加工机主要是由三台电动机及驱动结构组成,M_1 是主电动机,M_2 是进料驱动电动机,M_3 是出料驱动电动机。每个电动机分别由交流接触器 KM1、KM2、KM3 控制。

1. 工作原理

电源总开关 QS 控制三相 380V 电源供电,SB1 是启动开关,启动 SB1 使交流接触器 KM1、

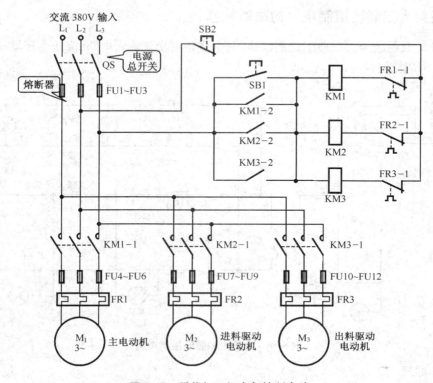

图 8-47　稻谷加工机电气控制电路

KM2、KM3 的线圈得电，于是三个交流接触器的辅助触点 KM1-2、KM2-2、KM3-2 接通，为接触器提供电源自锁。三个交流接触器吸合，使 KM1-1、KM2-1、KM3-1 三个主触点接通，使三个电动机得电后开始工作。

在电动机供电电路和控制电路中设有多个自动保护环节。

总电源开关处设有供电保护熔断器 FU1、FU2、FU3，总电流如果过电流，则 FU1、FU2、FU3 进行熔断保护。在每个电动机的供电电路中分别设有熔断器，如果某一电动机出现过载，则进行熔断保护。此外在每个电动机的供电电路中还设有过热保护继电器（FR1、FR2、FR3）。如果电动机出现过热，使过热继电器 FR1、FR2 或 FR3 进行断电保护，切断电动机的供电电源，同时切断交流接触器的供电电源。如过热保护待冷却后，还可以再次启动工作；如熔断器损坏则应更换。

当工作完成后，按动停机键 SB2，断开交流接触器 KM1、KM2、KM3 的供电，三个交流接触器复位，电动机的供电电路被切断，电动机 M1、M2、M3 停止工作。

2. 故障检修

如果在工作过程中，三个电动机中有一个电动机不工作，应停机后先切断总电源开关，再检查该电动机的绕组和供电线路。可以先检测一下熔断器和过热保护继电器，再根据检测结果检测相关的元件。

8.2.3   蔬菜大棚照明控制电路的故障检修

图 8-48 为农村蔬菜大棚照明控制电路,它主要是由交流输入电路,降压变压器 T 和照明灯电路等部分构成。

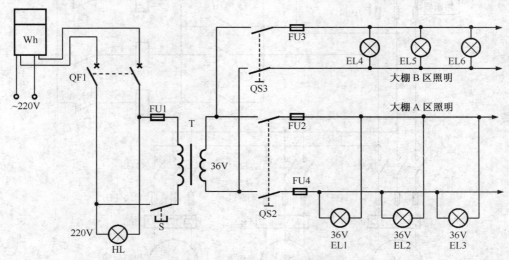

图 8-48   蔬菜大棚照明控制电路

1. 工作原理

交流 220V 电源经保险丝和电能表后送入大棚,首先送到总电源开关 QF1。照明灯采用36V 灯泡,根据大棚的面积选择灯泡的数量。36V 交流电源是由降压变压器 T 提供,交流降压变压器的一次绕组由 220V 电源经启动开关 S 控制。接通 S 开关,则变压器 T 一次绕组中有电压输入,二次绕组便有 36V 输出。在降压变压器的二次侧输出电路中,设有两个开关 QS2、QS3,这两个开关可以分别控制两个区域照明灯的供电。

2. 故障检修

如果出现照明灯都不亮的情况,应查一下交流输入电路中的指示灯 HL 是否亮。如果交流输入指示灯亮,但大棚中的照明灯不亮,则应查设在交流输入电路和二次侧输出电路中的保险丝,有可能保险丝熔断。如果保险丝正常,应查开关和变压器。检查变压器输入端是否有220V 电压,如无电压,则应查开关和熔断器。如变压器输入端有电压,则应查变压器输出端是否有 36V 电压,如无电压则变压器损坏;如有电压,则 QS2、QS3 可能接触不良应更换。